中等职业教育课程改革实验教材

Office 2010 案例教程

杨彩云 方 曦 李 晗 主 编

葛宗占 主 审

电子工业出版社

Publishing House of Electronics Industry

北京·BEIJING

内 容 简 介

本书主要内容包括 Word、Excel 和 PowerPoint 三大部分，共 10 个模块，主要讲解 Word 2010 的基本操作、插入和编辑文档对象、文档排版的高级操作、Excel 2010 电子表格的基本操作、编辑和美化电子表格、计算和管理电子表格数据、PowerPoint 2010 基础、演示文稿制作基础、美化演示文稿、幻灯片放映。

本书适用于中职学生及社会培训人员使用。

图书在版编目（CIP）数据

Office 2010 案例教程 / 杨彩云，方曦，李晗主编. —北京：电子工业出版社，2018.10

ISBN 978-7-121-24885-6

Ⅰ. ①O… Ⅱ. ①杨… ②方… ③李… Ⅲ. ①办公自动化－应用软件－中等专业学校－教材 Ⅳ. ①TP317.1

中国版本图书馆 CIP 数据核字（2014）第 274700 号

策划编辑：关雅莉

责任编辑：裴　杰

印　　刷：涿州市京南印刷厂

装　　订：涿州市京南印刷厂

出版发行：电子工业出版社

　　　　　北京市海淀区万寿路 173 信箱　邮编　100036

开　　本：787×1 092　1/16　印张：17.5　字数：448 千字

版　　次：2018 年 10 月第 1 版

印　　次：2023 年 12 月第 10 次印刷

定　　价：38.00 元

凡所购买电子工业出版社图书有缺损问题，请向购买书店调换。若书店售缺，请与本社发行部联系，联系及邮购电话：（010）88254888，88258888。

质量投诉请发邮件至 zlts@phei.com.cn，盗版侵权举报请发邮件至 dbqq@phei.com.cn。

本书咨询联系方式：（010）88254617，luomn@phei.com.cn。

前言

中等职业教育是我国教育体系的重要组成部分，在我国社会、经济发展中的地位日益呈现，但是职业教育依然面临许多问题，改革之路任重而道远。如何培养高素质的、具备岗位能力的中、初级技能型人才，成为目前职业学校的主要培养目标和改革的核心问题。教材改革是其中一项主要内容。让任务引领，成为此次教材编写的指导方向，也是教学改革迈出的第一步。

本书主要内容包括 Word 文字编排、Excel 表格数据处理和 PowerPoint、演示文稿制作三大部分。全书共 10 个模块，各模块主要内容如下。

Word 文字编排	模块 1	Word 2010 的基本操作
	模块 2	插入和编辑文档对象
	模块 3	文档排版的高级操作
Excel 表格数据处理	模块 4	Excel 2010 电子表格的基本操作
	模块 5	编辑和美化电子表格
	模块 6	计算和管理电子表格数据
PowerPoint 演示文稿制作	模块 7	PowerPoint 2010 基础
	模块 8	演示文稿制作基础
	模块 9	美化演示文稿
	模块 10	幻灯片放映

本书的特点是分模块讲解，每一模块根据知识点设定具体任务，明确目标及其操作思路和步骤，通过这种任务驱动的教与学的方式，能为学生提供实践体验和问题感悟的情境。围绕任务展开学习，以任务的完成结果检验和总结学习过程，改变学生的学习状态，使学生主动构建探究、实践、思考、运用、解决、高智慧的学习体系。

为了方便教学，本书配有电子教学参考资料包，内容包括教学指南、电子教案（电子版），请有此需要的教师登录华信教育资源网（http://www.hxedu.com.cn）注册后免费下载。

本书由杨彩云、方曦、李晗担任主编，参加编写的还有杨珂瑛、索妮、王诚、王慧青、刘爱国、许晶、于志博、曾卫华。本书由葛宗占主审。

由于编者水平有限，书中疏漏和不足之处在所难免，恳请广大读者及专家不吝赐教。

编者

目录

模块1
Word 2010 的基本操作

 内容摘要

    Word 2010 是 Office 2010 办公软件中的一个组件，是 Windows 环境下最受用户欢迎的文字处理软件。利用它可以制作日常办公中所需的各种文档，如公文、通知、信函、传真、说明书、宣传单、书刊和报纸等。本模块通过 3 个任务来介绍 Word 2010 的基本操作，以及在 Word 中输入与编辑文本的操作。

 学习目标

  📖 掌握启动和退出 Word 2010 的方法。
  📖 熟悉 Word 2010 的工作界面。
  📖 掌握 Word 文档的打开、新建、保存，以及查找替换文本等基本操作。
  📖 熟悉文档加密和打印文档设置参数的操作。
  📖 熟练掌握文本的输入、修改等编辑操作。

任务 1 初识 Word 2010

任务目标

本任务的目标是对 Word 2010 的操作环境进行初步认识，包括启动和退出 Word 2010，认识 Word 2010 的工作界面，以及使用 Word 2010 帮助系统。

本任务的具体目标要求如下：

（1）掌握启动和退出 Word 2010 的方法。

（2）了解 Word 2010 的工作界面。

（3）了解 Word 2010 的帮助系统。

操作 1 启动和退出 Word 2010

（1）执行以下任意一种操作可启动 Word 2010。

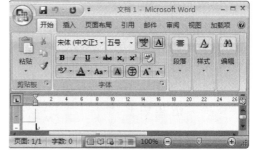

图 1-1　Word 2010 工作窗口

◆ 选择"开始"→"所有程序"→"Microsoft Office"→"Microsoft Office Word 2010"选项。完成启动后的工作窗口如图 1-1 所示。

◆ 双击桌面上的快捷图标 。

◆ 双击保存在计算机中的 Word 格式文档（扩展名为.docx 或.doc）。

（2）执行以下任意一种操作可退出 Word 2010。

◆ 单击标题栏上的关闭按钮 。

◆ 单击"Office"按钮 ，单击右下角的"退出 Word"按钮。

◆ 在标题栏空白处右击，在弹出的快捷菜单中选择"关闭"选项。

◆ 在工作界面中按【Alt+F4】组合键。

操作 2 认识 Word 2010 的工作界面

Word 2010 的工作界面与以前的版本有很大的不同。Word 2010 把以前版本的菜单栏改成了现在的智能功能区，以选项卡的方式代替了传统的下拉菜单，并且把绝大多数的操作命令以按钮的形式统一放在功能区中显示出来，如图 1-2 所示。

另外，Word 2010 增加了许多新功能，界面设计更加美观，主要包括"Office"按钮、快速访问工具栏、标题栏、功能选项卡、功能区、"帮助"按钮、标尺、文档编辑区、状态栏和视图栏等部分，如图 1-3 所示。

图 1-2　Word 2010 功能区

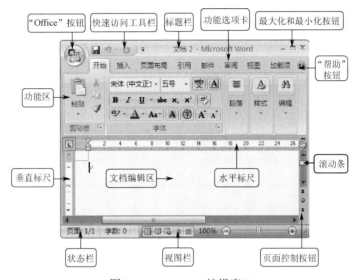

图 1-3　Word 2010 编辑窗口

◆　"Office"按钮：位于工作界面的左上角，类似于一个下拉菜单，这个菜单分两个部分，左边是一些常用命令，如"新建"、"打开"、"保存"、"打印"和"发送文档"等；右边显示"最近使用的文档"列表，如果列表中有需要的文档，可以直接单击将其打开。

◆　快速访问工具栏：为了方便用户快速进行操作，Word 2010 将最常用的命令从选项卡中挑选出来，以小图标的形式排列在一起，这就形成了快速访问工具栏。默认情况下，快速访问工具栏包括"保存"、"撤销"和"重复"按钮。单击按钮 ，在弹出的下拉菜单中选择常用的工具命令，可将该工具命令添加到快速访问工具栏中，也可以选择其他命令自定义快速访问工具栏。

◆　标题栏：位于窗口的最上方，用于显示正在操作的文档和程序名称等信息，标题栏的右侧包括 3 个控制按钮，即"最小化"按钮 、"最大化"按钮 和"关闭"按钮 ，单击这些按钮可以执行相应的操作命令。

◆　选项卡：类似于传统菜单命令的集合，单击各个选项卡，可以切换到相应的功能区。

◆　功能区：代替了传统的下拉菜单和工具条界面，用选项卡代替下拉菜单，并将命令菜单排列在选项卡的各个对应组中。

选项卡包含了用于文档编辑排版的所有命令，在默认状态下，Word 2010 主要显示"开始"、"插入"、"页面布局"、"引用"、"邮件"、"审阅"、"视图"和"加载项" 8 个选项卡。

◆ "帮助"按钮：位于选项卡右侧，单击该按钮可打开"Word 帮助"窗口，在其中可查找需要的帮助信息。

◆ 标尺：位于文档编辑区的左侧和上侧，其作用是确定文档在屏幕和纸张上的位置，分为水平标尺和垂直标尺。

◆ 文档编辑区：是窗口的主要组成部分，包含编辑区和滚动条，在编辑区中闪烁的光标即文本插入点，用于控制文本输入的位置；滚动条是用来移动文档的，拖动滚动条可显示文档的其他内容，包括水平滚动条和垂直滚动条。

◆ 状态栏：用于显示与当前文档有关的基本信息。

◆ 视图栏：主要用于切换文档的视图模式。

操作3 使用 Word 帮助系统

使用 Word 帮助系统可以获取关于使用 Microsoft Office Word 时的帮助信息，下面介绍具体的使用方法。

（1）单击窗口右侧的"帮助"按钮，打开"Word 帮助"窗口，如图 1-4 所示。

（2）在"搜索"文本框中输入需要获取的帮助，单击右侧的"搜索"按钮，在浏览区中将显示查找到的与帮助相关的超链接，单击相应的超链接可显示相应的内容，搜索结果如图 1-5 所示。

图 1-4 "Word 帮助"窗口　　　　图 1-5 搜索结果

知识延伸

本任务介绍了 Word 2010 的基础知识，包括启动和退出 Word 2010、Word 2010 的工作界面和 Word 帮助系统。

另外，对 Word 2010 的工作界面还可以进行以下设置，以提高工作效率。

1. 添加和删除快速访问工具栏按钮

快速访问工具栏是一个可以自定义的工具栏，它包含一组独立于当前显示选项卡的命令，用户可以根据自己的需要在快速访问工具栏中添加命令按钮，具体操作方法有以下两种。

（1）单击"快速访问工具栏"按钮 ，在弹出的下拉菜单中选择"其他命令"选项，弹出"Word 选项"对话框，从左侧列表框中选择要添加的命令，单击"添加"按钮，在右侧的列表框中将显示添加的命令，如图 1-6 所示。单击"确定"按钮，即可在快速访问工具栏中显示新添加的命令，如图 1-7 所示。

新添加的命令

图 1-6　"Word 选项"对话框　　　　　　　　　　　图 1-7　显示新添加的命令

（2）将鼠标指针移动到功能区中任意一个按钮上并右击，在弹出的快捷菜单中选择"添加到快速访问工具栏"选项，如图 1-8 所示，该按钮即被添加到左上角的快速访问工具栏中，如图 1-9 所示。

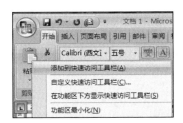

新添加的命令

图 1-8　"添加到快速访问工具栏"快捷菜单　　　　　图 1-9　显示新添加的命令

单击"自定义快速访问工具栏"按钮，在弹出的下拉菜单中选择"在功能区下方显示"选项，可将快速访问工具栏移动到功能区下方，以方便各种操作。

2. 隐藏功能区

功能区中的内容较多，会占据较大的编辑区域，影响用户的使用，此时可以将功能区隐藏起来，方便用户操作，具体操作方法有以下三种。

（1）单击"自定义快速访问工具栏"按钮 ，在弹出的下拉菜单中选择"功能区最小化"选项，最小化功能区，若要还原功能区只需再次执行相同的操作即可。

（2）在功能区右击，在弹出的快捷菜单中选择"功能区最小化"选项，所有的功能区将全部隐藏起来。

（3）按组合键【Ctrl+F1】可以快速最小化功能区，如图 1-10 所示。

功能区最小化后，选择任意选项卡，就可以像菜单一样将功能区调出，再次单击其他区域，功能区又自动隐藏。

如果想恢复功能区的原始展开方式，可在选项卡中右击，在弹出的快捷菜单中选择"功能区最小化"选项。

3. 隐藏标尺

单击水平标尺最右侧的"标尺"按钮，可隐藏或显示标尺。

4. 更改状态栏

如果想更改状态栏中显示的项目，可在状态栏上右击，在弹出的快捷菜单中选择相应的选项即可，如要显示行号，可在菜单中选择"行号"选项，系统将在行号前显示一个对勾，此时状态栏中显示行号，如图 1-11 所示。

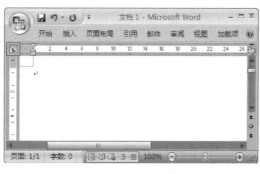

图 1-10　功能区最小化效果　　　　　图 1-11　"自定义状态栏"快捷菜单

提示： 单击"Office"按钮，在弹出的下拉菜单中单击"Word 选项"按钮，可对 Word 2010 进行高级设置。选择左侧的"自定义"选项卡，也可以在右侧自定义快速访问工具栏。

 任务小结

通过本任务的学习，应学会 Word 2010 的启动和退出；了解 Word 2010 工作界面中各部分的名称和功能；学会自定义快速访问工具栏，显示/隐藏功能区、标尺，以及更改状态栏等操作；并且能够借助 Word 帮助系统，解决实际操作中遇到的问题。

任务目标

本任务的目标是掌握 Word 文档的基本操作，包括新建、保存、打开、关闭和打印文档，以及为文档加密等操作。

本任务的具体目标要求如下：

（1）掌握新建、保存、打开和关闭 Word 文档的方法。

（2）了解打印文档的方法。

（3）了解文档加密操作。

操作1　新建文档

在使用 Word 2010 编辑文档前，首先要新建一个文档。启动 Word 2010 后，程序将自动新建一个名为"文档1"的空白文档以供使用，也可以根据需要新建其他类型的文档，如根据模板新建带有格式和内容的文档，以提高工作效率。下面分别介绍新建 Word 文档的各种方法。

1. 新建空白文档

（1）启动 Word 2010，打开 Word 2010 工作窗口。

（2）单击"Office"按钮 ，单击"新建"按钮，弹出"新建文档"对话框，如图 1-12 所示。

（3）在"模板"列表框中选择"空白文档和最近使用"选项，在中间的列表中选择"空白文档"选项。

（4）单击"创建"按钮，创建一个名为"文档1"的空白文档，如图 1-13 所示。

图 1-12　"新建文档"对话框

图 1-13　新建的空白文档

提示：在"新建文档"对话框的"Microsoft Office Online"选项下，有许多比较实用的文档模板，如果计算机连接了 Internet，可在其中选择任意选项，Word 将自动从 Internet 上搜索相应的模板，选择模板后，单击"下载"按钮，即可将模板下载到计算机中使用。

2．根据模板新建文档

（1）启动 Word 2010，单击"Office"按钮，单击"新建"按钮，弹出"新建文档"对话框。

（2）在"模板"列表框中选择"已安装的模板"选项。

（3）在中间列表中选择一个模板选项，如选择"平衡简历"选项，如图 1-14 所示。

（4）单击"创建"按钮，将创建一个名称为"文档 3"的带有模板的文档，如图 1-15 所示。

图 1-14　选择"平衡简历"模板

图 1-15　新建的"平衡简历"模板文档

另外，也可以从微软公司的网站上下载模板，选择"模板"列表框中的"简历"选项，再选择"基本"选项，此时，各种简历模板会显示在"简历"选项中，如图 1-16 所示。

选择"实用简历"模板，在预览窗口中将显示该模板的预览效果，单击"下载"按钮，系统将从微软公司的网站上下载该模板到本地计算机，下载完成后，简历模板将在新的文档中显示，效果如图 1-17 所示。

图 1-16　"简历"模板

图 1-17　新建的简历模板

操作 2 保存文档

对 Word 文档进行编辑后，需要将其保存在计算机中，否则编辑的文档内容将会丢失。保存文档包括对新建文档的保存、对已保存过的文档进行保存和对文档进行另存为保存。下面分别介绍各种保存文档的方法。

1. 保存新建文档

保存新建文档的方法有以下几种。

◆ 在当前文档中单击快速访问工具栏中的"保存"按钮 ■。

◆ 在当前文档中按【Ctrl+S】组合键。

◆ 在当前文档中单击"Office"按钮，单击"保存"按钮。

执行以上任意操作都将弹出"另存为"对话框，如图 1-18 所示，在"保存位置"下拉列表中选择文档的保存位置；在"文件名"下拉列表中输入文档的文件名；在"保存类型"下拉列表中选择文件的保存类型，单击"保存"按钮，即可将新建文档保存到计算机中。

图 1-18 "另存为"对话框

2. 保存已保存过的文档

保存已保存过的文档在操作上比较简单，只需单击"Office"按钮 ，在弹出的菜单中单击"保存"按钮，或者直接单击快速访问工具栏上的"保存"按钮 ■ 即可，此时文档会自动按照原有的路径、名称及格式进行保存。

3. 另存为其他文档

对一个已保存过的文档进行修改后，要将其再次保存，同时希望保留原文档时，可通过文档的"另存为"操作来实现，具体操作步骤如下。

（1）单击"Office"按钮，单击"另存为"→"Word 文档"按钮，弹出"另存为"对话框。

（2）在对话框中进行相应的设置，其中在"保存类型"下拉列表中，选择不同的选项，可将现有的文档保存为不同类型的文档，各选项的作用如下。

◆ Word 97~2003 文档：Word 2010 生成的文档扩展名为".docx"，早期 Word 版本的扩展名为".doc"，因此，低版本 Word 软件不支持 Word 2010 文档的某些功能，另存为低版本的 Word 文档能够与旧版本兼容。

◆ Word 模板：在需要新建具有现有文档内容的新文档时，在"新建文档"对话框中的"已安装的模板"或"我的模板"中选择即可。

◆ 网页：便于在 Internet 上发布 Web。

（3）单击"保存"按钮，即可将现有文档保存在选择的位置。

操作3　打开和关闭文档

当要修改或查看计算机中已有的文档时，必须先将其打开，然后才能进行其他操作，对文档进行编辑并保存后要将其关闭。下面以打开保存在 D 盘"办公文档"文件夹中的"2012 年伦敦奥运会金牌榜"文档，然后关闭该文档为例讲解打开和关闭文档的方法。

1．打开文档

（1）启动 Word 2010，单击"Office"按钮，单击"打开"按钮。

（2）弹出"打开"对话框，在"查找范围"下拉列表中选择"本地磁盘（D:）"选项。

（3）双击打开"办公文档"文件夹，并在其中选择"2012 年伦敦奥运会金牌榜"文档，如图 1-19 所示。

（4）单击"打开"按钮，打开"2012 年伦敦奥运会金牌榜"文档，如图 1-20 所示。

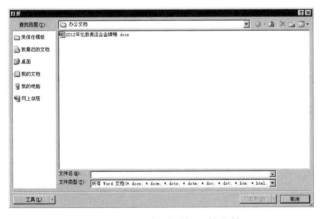

图 1-19　选择需要打开的文档

图 1-20　打开文档

2．关闭文档

执行以下任意一种操作，可关闭打开的文档并退出 Word 2010。

◆ 单击标题栏上的关闭按钮 。

◆ 单击"Office"按钮 ，单击右下角的"退出 Word"按钮。

◆ 在标题栏空白处右击，在弹出的快捷菜单中选择"关闭"选项。

◆　按【Alt+F4】组合键。

执行以下操作，可关闭打开的文档，但是不退出 Word 2010。

◆　单击"Office"按钮，在弹出的下拉菜单中选择"关闭"选项。

> **提示：** 在关闭未保存的文档时，系统将弹出"是否进行保存"提示对话框，如果要保存则可单击"是"按钮，如果不保存则单击"否"按钮，如果不关闭文档则单击"取消"按钮。

操作 4　加密保护文档

（1）打开素材"公司财务制度"文档，单击"Office"按钮，单击"另存为"按钮。

（2）在弹出的"另存为"对话框中单击"工具"按钮，在弹出的下拉菜单中选择"常规选项"选项，弹出"常规选项"对话框，如图 1-21 所示。

（3）在"打开文件时的密码"文本框中输入打开文档的密码，在"修改文件时的密码"文本框中输入修改文档的密码。

（4）单击"确定"按钮，再次弹出"确认密码"对话框，在文本框中输入打开文档时的密码，如图 1-22 所示。

（5）单击"确定"按钮，弹出"确认密码"对话框，在文本框中再次输入修改文档时的密码。

（6）单击"确定"按钮，返回"另存为"对话框，单击"保存"按钮，完成对文档的加密设置。

（7）当打开已设置密码的文档时，将弹出"密码"对话框，在其中输入打开文档时的密码，如图 1-23 所示。单击"确定"按钮，在"密码"对话框的文本框中再次输入修改文档时的密码，单击"确定"按钮，打开加密保护文档。

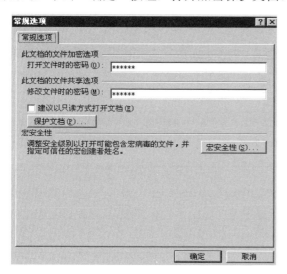

图 1-21　"常规选项"对话框

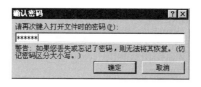

图 1-22　"确认密码"对话框

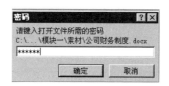

图 1-23　"密码"对话框

提示：在设置打开和修改文件的密码时，建议设置两个不同的密码，以提高文档的保密级别。

在打开已加密的文档时，如果不知道修改密码，则只能通过单击"只读"按钮来打开文档。

操作 5　打印文档

（1）单击"Office"按钮，单击"打印"→"打印预览"按钮。

（2）打开打印预览窗口，并显示"打印预览"工具栏，查看打印文档无误后，单击"关闭打印预览"按钮，退出打印预览。

（3）单击"Office"按钮，单击"打印"按钮，弹出如图 1-24 所示的"打印"对话框。

（4）在该对话框中可对打印机的类型、文档的打印范围、文档的打印份数、文档的缩放和打印的内容等进行设置。

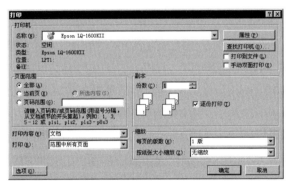

图 1-24　"打印"对话框

① 页面范围设置：除了对整篇文档打印之外，用户还可只打印文档中的一部分，打印文档各个部分的方法如表 1-1 所示。

表 1-1　打印文档各个部分的方法

打印部分	方　法
全部文档内容	单击"打印"按钮
只打印当前页面	弹出"打印"对话框，在"页面范围"栏中选择"当前页"选项，单击"确定"按钮开始打印
选择部分文本块	首先在文档中选择文本块，弹出"打印"对话框，在"页面范围"栏中选择"所选内容"选项，单击"确定"按钮开始打印
某些页码文档	在"打印"对话框的"页码范围"文本框中输入页码范围（如 1-5）、页面列表（页码之间使用逗号隔开，如 1，3，4，6）或使用这两种方式的组合形式（如 1，4，9-12），单击"确定"按钮开始打印
所有奇数/偶数页文档	在"打印"对话框左下角单击"打印"下拉按钮，在弹出的下拉列表中根据需要选择"奇数页"/"偶数页"

② 双面打印设置：某些打印机提供了在一张纸的双面自动打印的功能（自动双面打印）。无法进行自动双面打印的打印机则提供了相应的说明，解释如何手动将打印纸翻面，以便在另一面上打印（手动双面打印）。绝大多数打印机不支持自动双面打印，如果打印机不支持自动双面打印，可以用以下方法进行操作。

◆ 奇数页和偶数页。单击"文件"选项卡中的"打印"按钮，弹出"打印"对话框，选择"打印"下拉列表中的"奇数页"选项，如图 1-25 所示。连续打印整篇文档的奇数页，奇数页打印完毕后，将打印完的文档按顺序排好，按同样的方法选择"偶数页"选项，完成偶数页的打印。这样就可以实现正反面打印。需要注意的一点是，双面打印时，往往会因为首次打印时的纸张静电造成纸张粘连甚至卡纸，所以，如果对上述方法把握不准，为了保险起见，反面打印时最好能一页一页地手动放纸。

图 1-25　"奇数页/偶数页"选项

◆ 手动双面打印。如果用户的打印机不支持自动双面打印，可以在"打印"对话框中勾选"手动双面打印"复选框，如图 1-26 所示。Word 2010 将打印出纸张正面的所有页面，并提示用户将纸叠翻过来，再重新装入打印机中进行打印。

图 1-26　"手动双面打印"复选框

③ 多版打印：Word 2010 可以在一张纸上打印多页文档内容，通过设置可以在一张纸上分别打印 1、2、4、6、8、16 个页面。在"打印"对话框"缩放"栏中的"每页的版数"下拉列表中，选择每页纸上要打印的文档页数，如图 1-27 所示，如要将两页文档打印在一张纸页上，可选择"2 版"选项。

④ 缩放打印：如果按一种纸张尺寸生成文档，但是想使用大小不同的另外一种纸张打印，这时就可以使用 Word 2010 的"按纸张大小缩放"功能。该功能和许多复印机提供的缩小/放大功能类似。

在"打印"对话框"缩放"选项组中的"按纸张大小缩放"下拉列表中，选择打印当前文档要使用的纸张大小即可，如图 1-28 所示。

图 1-27　多版打印

图 1-28　缩放打印

（5）单击"属性"按钮，弹出"打印机属性"对话框，在其中选择相应的选项卡，进行相应设置，如设置打印机纸张的尺寸与类型、输入尺寸、送纸方向、纸盘、图像类型、水印及字体等。

 知识延伸

本任务主要讲解 Word 文档的基本操作，包括新建、保存、打开和关闭文档，以及加密保护文档和打印文档操作。

另外，对 Word 2010 文档还可以进行以下设置，以提高工作效率。

1. 设置自动保存文档

在实际应用中，用户经常忘记对文档进行保存，此时一旦出现意外的情况，就会使文档内容丢失，在 Word 2010 中，用户可以通过设置自动保存的方式来避免这种情况，使损失降到最低。其具体操作步骤如下。

（1）单击"Office"按钮，单击"Word 选项"按钮，弹出"Word 选项"对话框。

（2）在左侧的列表中选择"保存"选项。

（3）在右侧列表的"保存文档"栏中勾选"保存自动恢复信息时间间隔"复选框，在其后的数值框中输入每次进行自动保存的时间间隔，这里输入"5"，如图 1-29 所示，单击"确定"按钮即可。

图 1-29　设置自动保存文档

2. "打印预览"工具栏中各按钮的功能

在 Word 2010 中打开"打印预览"窗口后将显示"打印预览"工具栏，如图 1-30 所示，其中各按钮的功能如下。

◆ "页边距"按钮：单击该按钮，在弹出的下拉列表中可选择页边距的样式，从而确定文本在页面中的位置。

◆ "纸张方向"按钮：单击该按钮，在弹出的下拉列表中可选择纸张横向或纵向放置。

◆ "纸张大小"按钮：单击该按钮，在弹出的下拉列表中可选择纸张大小，如 A4、16开、32 开等。

◆ "显示比例"按钮：单击该按钮，在弹出的对话框中可选择页面的显示百分比。

◆ "单页"和"双页"按钮：单击按钮，可设置在打印预览窗口显示一页或两页文档。

◆ "页宽"按钮：单击该按钮，可改变页面宽度，使页面宽度和窗口宽度保持一致。

◆ "放大镜"复选框：选中该复选框后，鼠标指针将变为 🔍 形状，单击鼠标可放大预览文档的显示效果，此时鼠标指针变为 🔍 形状，再次单击鼠标可缩小预览文档的显示大小；取消对该复选框的选中可将插入点定位在文档中对文本进行修改。

◆ "关闭打印预览"按钮 ：单击该按钮，退出打印预览状态。

图 1-30　"打印预览"工具栏

任务小结

通过本任务的学习，应能够利用 Word 2010 自带模板或利用在线功能下载模板，创建具有一定格式的、新颖的 Word 文档。当具备了一定 Word 2010 基础知识后，还可以自创个性模板。对于 Word 文档保存，要学会选择保存位置、保存类型及命名文件。Word 文档加密一般是出于安全考虑，要学会加密和解密这两个相反的操作。对 Word 文档打印时，要学会打印机类型、页面范围、打印份数等简单设置。

任务 3　Word 文档的输入与编辑

任务目标

本任务的目标是掌握文档的输入与编辑，包括文档的输入、复制、移动、查找与替换，以及文本的选择等。

本任务的具体目标要求如下：

（1）掌握输入普通文档的方法。

（2）掌握输入特殊文档的方法。

（3）掌握编辑文档的方法。

操作 1　输入文档内容

打开模块 1 素材库中的"个人简历"文档，双击并使用即点即输功能定位光标插入点，根据情况输入必要的内容。

（1）输入汉字。

默认情况下，"语言栏"显示为小键盘图标 ⌨，表示当前可以输入英文字符。单击"小键盘"图标![键盘图标]，在弹出的菜单中选择中文输入法，如可选择"搜狗拼音输入法"输入汉字，如图1-31所示。

在中、英文两种不同输入法之间切换，可通过按【Ctrl+空格】组合键来实现。

（2）插入符号和特殊字符。

若要在Word文档中输入箭头、方块、几何图形等符号，可先定位插入点，然后在弹出的"符号"对话框中，选择一种符号，单击"插入"按钮即可实现。如果想插入版权所有、商标、注册、小节等特殊字符，可以在"符号"对话框中选择"特殊字符"选项卡，如图1-32所示。

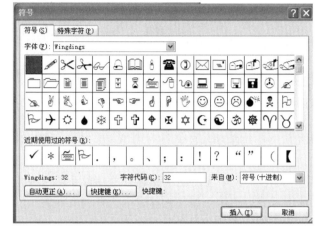

图1-31 选择中文输入法　　　　　　图1-32 选择符号和特殊字符

（3）插入特殊符号。

若要在Word文档中输入单位符号、数学符号、拼音等，或箭头、方块、几何图形、希腊字母及带声调的拼音等特殊字符，可选择"插入"选项卡，单击"特殊符号"选项组中的"符号"按钮，可在打开的面板中选择所需符号，如图1-33所示；或者选择面板中的"更多"选项，弹出如图1-34所示的"插入特殊符号"对话框，从中选择所需符号。

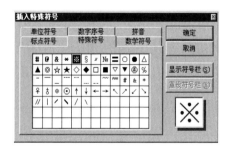

图1-33 选择特殊符号　　　　　　图1-34 "插入特殊符号"对话框

（4）输入日期和时间。

Word为用户输入文本提供了很多便利条件，如插入预定格式的日期与时间。可先确定要插入日期和时间的位置，单击"插入"选项卡 "文本"选项组中的"日期和时间"按钮，弹出如图1-35所示的"日期和时间"对话框，在其中选择一种日期格式即可。

如果用户希望下次编辑该文档时，文档中插入的日期和时间可以自动更新，可选中"日期和时间"对话框右下角的"自动更新"复选框。

图 1-35   "日期和时间"对话框

1．插入文本

在 Word 中录入文本时，有两种编辑模式：插入和改写。其默认处于"插入"编辑模式，在该模式下，用户只需确定插入点，然后输入所需内容，即可完成插入文本操作。

2．改写文本

在输入文本的过程中，如果要以新输入的内容取代原有内容，可使用"改写"模式。单击状态栏上的"插入"按钮，此时该按钮变为"改写"，然后在要输入文本的地方进行输入即可。

3．删除文本

文档中多余的内容可直接删除，下面介绍几种删除文本的方法。

◆　如果要删除插入点左侧的内容，可按【Backspace】键。

◆　如果要删除插入点右侧的内容，可按【Delete】键。

◆　如果要删除的内容较多，可在选取这些内容后按【Backspace】或【Delete】键。

4．复制文本

文本的复制包括复制和粘贴两个步骤。

（1）执行以下任意操作可复制文本。

◆　单击"开始"选项卡"剪贴板"选项组中的"复制"按钮，将选择的文本复制到剪贴板中。

◆　在选择的文本上右击，在弹出的快捷菜单中选择"复制"选项。

◆　按【Ctrl+C】组合键复制文本。

（2）执行以下任意操作可粘贴文本。

◆　单击"开始"选项卡"剪贴板"选项组中的"粘贴"按钮。

◆　右击，在弹出的快捷菜单中选择"粘贴"选项。

◆　按【Ctrl+V】组合键粘贴文本。

5．移动文本

文本的移动包括剪切和粘贴两个步骤。执行以下任意操作可剪切文本。

◆　单击"开始"选项卡"剪贴板"选项组中的"剪切"按钮，将选择的文本剪切到剪贴板中。

◆　在选择的文本位置上右击，在弹出的快捷菜单中选择"剪切"选项。

◆　按【Ctrl+X】组合键剪切文本。

掌握了以上操作后，即可输入简历内容，输入完成的效果如图 1-36 所示。

姓　名：张　鹏　　　　出生日期：1992.08.08
性　别：男　　　　　　毕业学院：呼和浩特市职业中专
专　业：计算机应用与网络管理技术　联系电话：1590471****
学　历：职业中专　　　电子邮件：zhangpeng@sohu.com
Ｑ　Ｑ：8688****　　　现住地址：呼和浩特市迎宾路 8 号

应聘岗位：网管，平面设计，文秘

教育情况：2008 年毕业于呼和浩特市职业中专

获奖情况：※ 中职计算机技能竞赛一等奖
　　　　　※ 优秀学生干部
　　　　　※ 优秀团员
　　　　　※ 优秀青年志愿者

实践经历：☑ 走入社会从事一年网络管理工作
　　　　　☑ 在广告公司从事两年平面设计工作

自我评价：具有一定的社会交往能力，具有一定的组织和协调能力，具有进取精神和团队精神。
　　　　　希望找一份与自身知识结构相关的工作，可以有更大的空间来证明自己，发展自己！

图 1-36　输入内容后的简历

 知识延伸

本任务主要讲解在 Word 文档中输入文本的方法，包括输入普通文本、输入特殊符号和修改文本。

下面介绍 Word 2010 文档编辑过程中还要用到的其他操作。

1. 快速更改大小写

要输入一篇英文大小写方式不一的文章，用户可以在英文小写状态下输入，然后应用 Word 提供的"更改大小写"功能进行快速转换。具体方法是选择要更改大小写的文本，然后在"开始"选项卡"字体"选项组中的"更改大小写"下拉列表中选择一种方式。

2. 自动更正功能

Word 中的"自动更正"功能可自动修改用户在输入文字或符号时的一些特定错误。

对于英文，"自动更正"功能可自动更正常见的输入错误、拼写错误和语法错误。但不要以为对于中文它就无能为力了。其实，在 Word 自动更正中还内置了相当多的中文词语，在选择这些词语时考虑到了常犯的各类错误，如可将"按步就班"更正为"按部就班"等。

"自动更正"功能还有另外一种用途，即简化录入。例如，用户需经常输入"Microsoft Office"，可以利用"自动更正"功能实现简化录入。打开 Word 2010 窗口，单击"Office"按钮"Word 选项"选项组"校对"→"自动更正选项"按钮，如图 1-37 所示。弹出"自动更正"对话框，在"替换"和"替换为"文本框中分别进行设置，单击"添加"按钮，如图 1-38

所示。再退出对话框，当在文档中输入"替换"文本框中的文本后，按空格键会自动显示为"替换为"文本框中的文本。

图 1-37　"自动更正选项"按钮

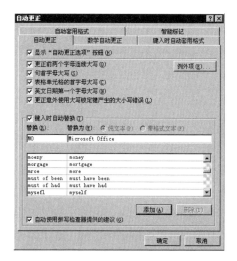

图 1-38　添加自动更正条目

3．撤销、恢复与重复

（1）撤销。

在编辑文档的过程中若误删了某段文本，重新输入太麻烦时，可单击快速访问工具栏中的"撤销"按钮，撤销最近一步操作，要撤销多步操作，可单击"撤销"按钮右侧的下拉按钮，在弹出的列表框中选择要撤销的操作，如图 1-39 所示。

（2）恢复。

单击快速访问工具栏中的"恢复"按钮，可以恢复撤销的操作，如用户单击"撤销"按钮撤销了清除文本操作，单击快速访问工具栏中的"恢复"按钮，可恢复清除，即恢复撤销的操作。

若用户要恢复撤销的多步操作，可连续单击快速访问工具栏中的"恢复"按钮。

（3）重复。

"恢复"按钮是一个可变按钮，当用户撤销了某些操作时，该按钮变为"恢复"按钮，当用户进行输入文本、编辑文档

图 1-39　"撤销"下拉列表

等操作时，该按钮变为"重复"按钮 ，允许用户重复执行最近所做的操作。

按【Ctrl+Z】组合键可撤销操作，按【Ctrl+Y】组合键可恢复或重复操作。

4. 选择文本的方法

在 Word 中输入文本后，若要对文本进行编辑，必须先选择文本，选择文本的方法有很多，下面介绍几种常用的方法。

选择一行文本	将光标移到所选文本行左侧的空白位置，当光标变为反箭头 ⇗ 形状时单击，即可选择整行文本
选择多行文本	将光标移动到所选连续多行文本的首行左侧空白位置，当光标变为反箭头 ⇗ 形状时按住鼠标左键并拖动到所选连续多行的末行行首，释放鼠标左键即可
选择一段文本	将光标移动到所选段落左侧空白区域，当光标变为反箭头 ⇗ 形状时，双击即可选择光标所指的整个段落
选择整篇文本	执行以下任意一种操作都可以选中整篇文本 ◆ 将光标定位在文档中，按【Ctrl+A】组合键 ◆ 将光标移到文档左侧的空白位置，当光标变为反箭头 ⇗ 形状时，三击鼠标左键 ◆ 按住【Ctrl】键不放，单击文本左侧的空白区域 ◆ 单击"开始"选项卡"编辑"选项组中的"选择"下拉按钮，在弹出的下拉菜单中选择"全选"选项
选择连续的文本	可以将光标定位在所选文本的开始位置，按住【Shift】键不放，然后单击需要选择文本的结束位置
选择不连续的文本	选择文本后，按住【Ctrl】键不放可以选择不连续的文本
选择一列或几列文本	将光标插入点定位在所选的列前，按住【Alt】键不放并拖动鼠标，可以选择一列或几列文本
选择一个句子	按住【Ctrl】键，在句子中单击

5. "查找和替换"对话框的设置

打开"查找和替换"对话框的方法除了可以单击"开始"选项卡"编辑"选项组中的"查找"按钮外，还可以按【Ctrl+F】组合键，选择"查找和替换"对话框的"查找"选项卡，按【Ctrl+H】组合键，打开"查找和替换"对话框的"替换"选项卡。"查找和替换"对话框中各按钮的作用如下。

◆ 单击"替换"按钮，Word 自动在文本中从插入点位置开始查找，找到第一个需要查找的内容，并以蓝底黑字显示在文档中。再次单击该按钮将替换该处文本内容，并将下一个查找到的文本以蓝底黑字显示。

◆ 单击"全部替换"按钮，将文档中所有符合条件的文本替换为设定的文本。

◆ 单击"更多"按钮，将展开如图 1-40 所示的"搜索"选项面板，在其中可设置查找方法，如查找时区分大小写、使用通配符及查找带有某种字体格式的文本等。

◆ 单击"格式"按钮，可以查找或替换带有格式的文本。

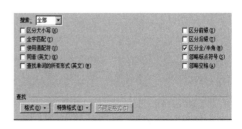

图 1-40　"搜索选项"面板

◆ 单击"特殊格式"按钮，可以查找或替换特殊字符，如段落标记、制表符等。

◆ 单击"查找下一处"按钮，跳过查找到的一处文本，即不对该处文本进行替换。

◆ 单击"阅读突出显示"按钮，在弹出的下拉菜单中选择"全部突出显示"选项，在文档中当前被查找到的所有内容会呈黄底黑字显示。

6. 使用快捷键提高 Word 文档编辑的工作效率

在办公中利用 Word 编辑文档，除了本模块学习的内容外，还应该多查阅资料，反复练习文档的编辑。为方便用户的操作，提高工作效率，这里将补充一些快捷键的使用方法。

◆ 按【F1】键可打开"帮助"窗口或访问 Microsoft Office 的联机帮助。

◆ 按【F4】键可重复上一步操作。

◆ 按【F5】键可打开"定位"选项卡。

◆ 按【F8】键可扩展所选内容。

◆ 按【Shift+F3】组合键可更改字母大小写。

◆ 按【Shift+F4】组合键可重复"查找"或"定位"操作。

◆ 按【Shift+F5】组合键可移至文档最后一处更改位置。

◆ 按【Shift+F8】组合键可缩小所选内容。

◆ 按【Shift+F10】组合键可显示快捷菜单。

◆ 按【Shift+F12】组合键可弹出"另存为"对话框。

◆ 按【Alt+F4】组合键可关闭当前 Word 窗口。

◆ 按【Alt+F6】组合键可从打开的对话框切换到文档（适用于支持该操作的对话框，如"查找和替换"对话框）。

◆ 按【Alt+F5】组合键可还原程序窗口大小。

◆ 按【Ctrl+F2】组合键可打开"打印预览"窗口。

◆ 按【Ctrl+F10】组合键可在文档窗口最大化和还原之间进行切换。

 任务小结

通过本任务的学习，不仅要学会文字、英文、符号、日期等不同类型文本的输入，还要熟练掌握删除、撤销、恢复、复制及移动等编辑操作。在选择文本操作中，要主动应用快捷方式，实现对一行、一段、一列，或多行、多段、多列及全文的快速选择。查找和替换功能是本节的一个难点，尤其是替换为带格式的文本、通配符等，需要反复练习才能掌握扎实。

实战演练 1　制作荣誉证书文档

 演练目标

利用 Word 输入文档内容和编辑文档的相关知识制作一张荣誉证书，如图 1-41 所示，掌握用 Word 输入文本和编辑文本的基本操作。

图 1-41　荣誉证书

Office 2010 案例教程

具体分析及思路如下。

（1）打开模块 1 素材中的"荣誉证书"文档。

（2）利用 Word 提供的即点即输功能，在文档的相应位置双击，按照样文输入文本。

实战演练 2　编辑和打印招聘启事文档

演练目标

在已有的一篇招聘广告文档基础上，利用输入特殊文本和修改文本等操作，编辑如图 1-42 所示的招聘启事文档，并打印输出。

演练分析

具体分析及思路如下。

（1）打开模块 1 素材库中的"招聘启事"文档，输入特殊文本，如特殊符号，如图 1-43 所示。

（2）利用改写和删除等操作修改文本。

（3）保存文档，在打印预览下查看文档，无误后打印文档。

图 1-42　招聘启事文档

图 1-43　输入特殊文本

拓展与提升

根据本模块所学的内容，动手完成以下课后练习。

课后练习 1 制作信封文档

打开模块 1 素材中的"信封"文档，使用 Word 的即点即输功能，制作一个信封文档，最终效果如图 1-44 所示。

图 1-44 信封文档

课后练习 2 制作通信录文档

打开模块 1 素材中的"通信录"文档，如图 1-45 所示。使用 Word 的即点即输功能，根据自己的实际情况输入内容。

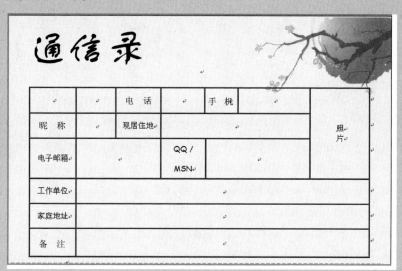

图 1-45 通信录文档

课后练习 3 制作会议议程文档

运用 Word 文本输入方法输入特殊文本和普通文本，并修改在输入文档内容时的错误，制作一份会议议程安排文档，如图 1-46 所示。

图 1-46　会议议程安排文档

课后练习 4

（1）打开模块 1 素材中的"电子商务"文档，将正文中的"电子商务"替换为"电子商务（E-Business）"，并且字体变为"华文行楷、蓝色"。

（2）打开模块 1 素材中的"内存"文档，将正文中的"内存"格式替换为"楷体、三号字、红色、红色波浪下画线"。

（3）打开模块 1 素材中的"机器翻译系统"文档，将第二段中的"语法规则"的字体设置为"绿色、四号、隶书"；"惯用法规则"的字体设置为"红色、四号、隶书。"

（4）打开模块 1 素材中的"CNAPS 网络结构"文档，将第二段中的"中国国家金融网络"替换为"中国国家金融网络（CNFN）"。

（5）打开模块 1 素材中的"乔丹"文档，将第二段中"《　　　》"里的文字设为"粗体、小四"。

（6）打开模块 1 素材中的"广东和广西"文档，将文档中的"广西"、"广东"全部替换为"两广地区"。

（7）打开模块 1 素材中的"电子商务面临的问题"文档，将正文各段中的"电子商务"设置为"绿色"，并设为"斜体"。

（8）打开模块 1 素材中的"人与自然"文档，查找文章中所有的"自然界"一词，在其后插入"Nature"。

（9）打开模块 1 素材中的"周总理答记者问"文档，查找文章中所有的人工分行符并替换成段落标记。

（10）按照要求完成下列操作。

① 利用向导建立自己的"英文专业型简历"文档。

② 为试题1"英文专业型简历"文档编写文档属性，文件命名为"my Professional Resume"。作者改为"123"，关键词为"resume"。

（11）打开"模块 1\素材\珍惜时间"文档，完成以下操作。

① 在当前文档中添加能够自动更新的日期和时间，其格式为"yyyy/mm/dd"。

② 对全文进行拼写检查，纠正发现的拼写和语法错误。

③ 使用"打印预览"和"多页预览"预览文件。

（12）打开模块1素材中的"珍惜时间"文档，给某个文档设置打开权限密码为111，修改权限密码为222。

（13）打开模块1素材中的"比尔·盖茨"文档，插入页码。要求：页码位于页面顶端（页眉），格式为"-1-，-2-，…"，且首页不显示页码。

（14）打开模块1素材中的"不要让未来的你，讨厌现在的自己"文档，打印该文档的第2节和第3页第5节，要求草稿输出且附加打印文档属性。

（15）将 Word 默认度量单位设为"厘米"，然后用全屏显示的方式查看模块1素材中的"不要让未来的你，讨厌现在的自己"文档，最后关闭全屏。

（16）打开"模块 1\素材\计算机硬件系统"文档，请将文档的浏览方式设置为按图形浏览，并查找"下一张图形"。

（17）使用模板提供的名片样式（样式 1），制作名片，采用已有的名片内容，其他选项取默认值。

（18）请采用自动图文集在光标处插入"机密、页码、日期"。

（19）打开模块1素材中的"不要让未来的你，讨厌现在的自己"文档，在当前的页面视图中，设置显示垂直标尺和水平滚动条，然后用200%的显示比例显示当前文档。

（20）在状态栏中显示行号和列号。

模块 2
插入和编辑文档对象

内容摘要

在 Word 中不仅可以输入和编排文本，还可以插入图片、艺术字、表格和文本框及公式等。这样可以丰富文档的内容，扩大文档的信息量，还可更加突出重点，更直接地传达意图，使文档图文并茂，提升文档的专业性和可读性。本模块通过 6 个操作实例来介绍插入和编辑文档对象的方法。

学习目标

📖 熟练掌握在文档中插入和编辑图片的方法。
📖 熟练掌握在文档中插入和编辑艺术字的方法。
📖 熟练掌握在文档中插入和编辑文本框的方法。
📖 掌握在文档中插入和编辑 SmartArt 图形的方法。
📖 熟练掌握在文档中插入和设置表格的方法。
📖 熟练掌握在文档中插入公式的方法。

任务 1　制作禁烟标志

任务目标

本任务的目标是运用在文档中插入图片和图形的相关知识，制作一个禁烟标志，最终效果如图 2-1 所示。

本任务的具体目标要求如下：

（1）熟练掌握在文档中插入和编辑图片的方法。

（2）熟练掌握在文档中插入和编辑图形的方法。

专业背景

世界卫生组织已确认烟草是目前人类健康的最大威胁，公共场所和工作场所禁止吸烟已成为时代潮流。就让我们利用 Word 对图片和图形的操作，打造一个禁烟标志吧！

图 2-1　禁烟标志最终效果

操作思路

本任务的操作思路如图 2-2 所示。涉及的知识点有插入和编辑图片、自选图形、剪贴画及文本框等，具体思路及要求如下：

（1）插入自选图形，设置自选图形格式，制作背景。

（2）插入并编辑图片禁止符、剪贴画。缩放图片，插入自选图形"禁止符"，插入剪贴画。

（3）插入文本框，输入文字。

图 2-2　制作禁烟标志操作思路

操作 1　插入自选图形，制作背景

（1）新建空白文档。

（2）插入自选图形。

单击"插入"功能选项卡"插图"选项组中的"形状"按钮，在弹出的下拉菜单中选择"矩形：同侧圆角矩形"选项，如图2-3所示。

图2-3　插入自选图形

（3）绘制自选图形。

当鼠标指针变为"＋"字箭头形状时，按下鼠标左键绘制自选图形，拖动鼠标至适当位置，释放鼠标完成绘制。

提示： 将光标移到自选图形上，当鼠标指针变为形状时，可以移动自选图形。按住鼠标左键并拖动鼠标，到适当的位置后释放鼠标左键即可。将鼠标光标指向自选图形的任意边框或角点，鼠标指针变成双箭头 ↔ ↕ ↗ ↘ 时，可放大或缩小该图形。

（4）精确调整图形的大小。

选择自选图形"矩形：同侧圆角矩形"，在"绘图工具/格式"选项卡"大小"选项组中的高度编辑框中输入5厘米，宽度编辑框中输入6厘米，然后按【Enter】键，完成图形大小的调整，如图2-4所示。

（5）设置自选图形的填充颜色。

选中自选图形，在"绘图工具/格式"选项卡的"形状样式"选项组中，单击"形状填充"按钮，选取主题颜色为"白色"，如图2-5所示。

（6）设置形状轮廓。

选中自选图形，单击"绘图工具/格式"选项卡"形状样式"选项组，再单击"形状轮廓"按钮，选取标准色为"红色"，如图2-6所示。选取形状轮廓线"粗细"为3磅，如图2-7所示。

图2-4　"大小"选项组

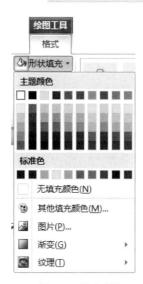
图 2-5　填充颜色

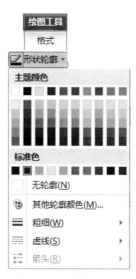
图 2-6　形状轮廓色

（7）复制/粘贴、旋转自选图形。

选中自选图形，复制粘贴图形按【Ctrl+C】/【Ctrl+V】键，选中复制的自选图形，单击"绘图工具/格式"选项卡"排列"选项组中的"旋转"按钮，在弹出的下拉菜单中选择"垂直翻转"选项，如图 2-8 所示。大小设置为高 2 厘米，宽 6 厘米，颜色填充为红色。

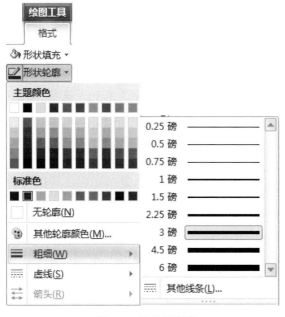
图 2-7　形状轮廓线

图 2-8　旋转

（8）按住【Ctrl】键，依次单击两个自选图形，同时选中两个图形。单击"绘图工具/格式"选项卡"排列"选项组中的"对齐"按钮，在弹出的下拉菜单中选择"左右居中"选项，选中任意一个自选图形，使用键盘的上下键微调位置，设置对齐方式，如图 2-9 所示。

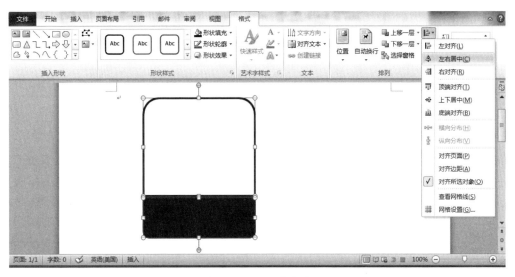

图 2-9 设置对齐方式

操作 2 插入并编辑图片、禁止符、剪贴画

（1）插入图片。

① 将光标定位在文档中的任意位置，然后单击"插入"选项卡"插图"选项组中的"图片"按钮。

② 弹出"插入图片"对话框，在"查找范围"下拉列表中选择存放图片的位置，选中该位置下的图片文件"任务 1.png"，单击"插入"按钮，将图片插入文档。

（2）设置图片的自动换行。

单击"图片工具/格式"选项卡"排列"选项组中的"自动换行"按钮，在弹出的下拉菜单中选择"浮于文字上方"选项，如图 2-10 所示。

（3）调整图片的大小。

将鼠标指针指向图片的任意边框或角点，当鼠标指针变成双箭头 ↔ ↕ ↗ ↘ 形状时，缩放图片至合适大小；或在"图片工具/格式"选项卡的"大小"选项组中，精确调整图片大小。

（4）调整图片的位置。

将光标指向图片，当鼠标指针变为 形状时，可移动图片，移动到如图 2-11 所示的位置。

（5）插入自选图形。

单击"插入"选项卡"插图"选项组中的"形状"按钮，在弹出的下拉菜单中选择"禁止符"选项，如图 2-12 所示。按住鼠标左键不放，开始绘制自选图形，拖动鼠标至适当位置，释放鼠标左键，完成绘制图形。

（6）调整自选图形的大小和位置，方法与对图片的操作一样。设置填充和轮廓颜色为红色。调节自选图形的黄色控制句柄，如图 2-13 所示。

图 2-10　图片自动换行

图 2-11　移动图片位置

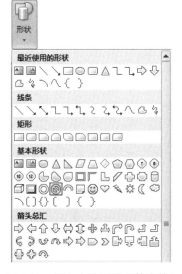

图 2-12　插入自选图形"禁止符"

图 2-13　调整"禁止符"

（7）插入剪贴画。

① 单击"插入"选项卡"插图"选项组中的"剪贴画"按钮，在 Word 2010 窗口右侧弹出"剪贴画"任务窗格。

② 在"剪贴画"任务窗格的"搜索文字"文本框中，输入所需剪贴画的关键字"警示"，单击"搜索"按钮，在搜索结果预览框中，单击所需剪贴画，将其插入文档中，如图 2-14 所示。

（8）设置剪贴画的自动换行方式，然后调整到适当位置，如图 2-15 所示。

① 选中剪贴画"警示"。

② 设置剪贴画的自动换行。单击"图片工具/格式"通过选项卡"自动换行"选项组中的"浮于文字上方"按钮。

③ 设置剪贴画大小。单击"图片工具/格式"选项卡中的"大小"选项组，设置高为 1.5 厘米，宽为 1.2 厘米，然后将剪贴画移动到适当的位置。

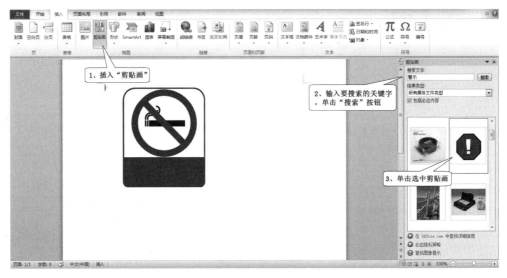

图 2-14　插入剪贴画

图 2-15　剪贴画的设置

操作3　插入文本框，输入文字

（1）单击"插入"选项卡 "文本"选项组中的"文本框"按钮 。在弹出的下拉菜单中选择"绘制文本框"选项，可手动绘制横排文本框。在文本框中输入文字"禁止吸烟"，字体设为"黑体"，字号设为"一号"，"加粗"，将字间距加宽至 2 磅，调整文本框至合适位置。

（2）最终效果如图 2-16 所示。

知识延伸

本任务主要练习了在文档中插入图片和图形的相关操作。可以对标志进行更多的编辑，从而了解功能区中其他按钮的作用。

图 2-16　最终效果

1．为图片添加阴影

选中图片"任务 1.png"，单击"图片工具/格式"选项卡"图片样式"选项组中的"图片效果"按钮，在弹出的下拉菜单中选择"阴影"选项，弹出"阴影"下拉列表，选择"外部"选项中的"向下偏移"选项，如图 2-17 所示。

图 2-17　为图片添加阴影

2．组合自选图形

按住【Ctrl】键，依次单击文档中的两个自选图形，单击"绘图工具/格式"选项卡"排列"选项组中的"组合"按钮，或者右击选中的图形，在弹出的快捷菜单中选择"组合"→"组合"选项。此时两个自选图形组合成一个整体。

3．注意层次关系

本任务中插入了图片、图形和文本框等多个对象，需要注意这些对象的叠放次序，先插入的对象在最下面，最后插入的对象在最上面，上层的对象会遮盖下层的对象。可以单击"格式"选项卡"排列"选项组中的"置于顶层"或"置于底层"按钮，在弹出的下拉列表中选择"上移一层"或"下移一层"选项，调整上下层的排放顺序。

任务小结

在 Word 文档中可以插入符合主题的图片和图形。

图片主要包括 Word 自带的剪贴画和用户插入的外部图片。插入图片后，在 Word 功能区中将自动出现相应的"格式"选项卡，利用该选项卡可以对插入的图片进行各种编辑和美化操作。如可以对图片进行大小、旋转、自动换行、裁切，以及进行亮度、对比度、样式、边框和特殊效果等设置。

图形即形状，如线条、正方形、椭圆形和箭头等。绘制好图形后，可利用自动出现的相应"绘图工具/格式"选项卡对其进行各种编辑和美化操作，如可对图形进行大小、旋转、自动换行、对齐、组合、样式、轮廓、填充及特殊效果等设置。

　　Word 中图片和图形的设置方法有许多相似之处，在实际应用中要学会举一反三，灵活运用所学知识解决实际问题。

任务目标

　　本任务的目标是通过在文档中插入并设置艺术字，使用编辑文字和图片等相关知识，制作并美化求职简历文档，最终效果如图 2-18 所示。

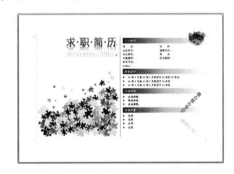

图 2-18　求职简历最终效果

本任务的具体目标要求如下：
（1）熟练掌握在文档中插入和编辑艺术字的方法。
（2）熟练掌握对文字和图片的基本编辑方法。

专业背景

　　制作简历是中职学生走向职场的第一步，也是职场必修的一门课。求职简历通过文字、色彩、图案来吸引招聘者，一份卓有成效的求职简历是开启事业之门的钥匙。

操作思路

　　本任务的操作思路如图 2-19 所示。涉及的知识点有字体格式设置，添加艺术字和图片等，具体思路及要求如下：

（1）设置文档页面、文本排版。
（2）插入和设置图片。
（3）插入和设置艺术字。

图 2-19　制作求职简历操作思路

操作 1　**设置文档页面、文本排版**

（1）打开"求职简历"文档，对其做如下页面设置：A4 纸，横向，上、下、左、右页边距为 2 厘米。

（2）将文本内容分两栏，并添加分隔线。把光标定位在文档第一行并按【Enter】键，将文字推移至文档的右半面第一行。

（3）对文字进行排版。将所有文字设置为"五号、宋体、1.5 倍行距"，如图 2-20 所示。

（4）设置文本框格式。给文本"个人概况"、"教育经历"、"主修课程"及"获得荣誉"加上文本框，选中"个人概况"文本，单击"插入"选项卡，在"文本"选项组中单击"文本框"按钮，选择"绘制文本框"选项。选中文本框，在"格式"选项卡的"大小"选项组中设置文本框高为：0.8 厘米，宽：12 厘米。单击"形状样式"选项组的"形状填充"按钮，在下拉列表中选择"渐变"选项组中的"其他渐变"，弹出"设置形状格式"对话框，选择"填充"选项组中的"渐变填充"选项，"类型"为线性，"方向"为线性向左，"渐变光圈"中的"停止点 1"设置为白色，单击"形状轮廓"按钮，在下拉菜单中选择"无轮廓"选项。将文本框内文本设置为"五号、黑体、白色、倾斜"，如图 2-21 所示。

图 2-20　文本排版

（a）绘制文本框

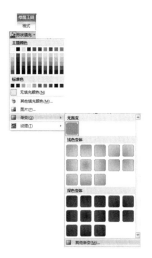

（b）其他渐变

（c）设置渐变类型、方向

（d）设置"停止点1"

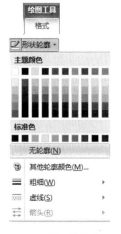

（e）设置形状轮廓

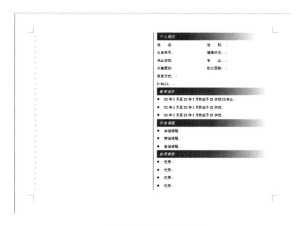

（f）设置文本框内文本格式

图 2-21　设置文本框格式

操作 2　**插入和设置图片**

（1）插入图片。

将光标定位在文档左半面的任意位置处，单击"插入"选项卡的"插图"选项组中的"图片"按钮，弹出"插入图片"对话框，在"查找范围"下拉列表中选择存放的图片，选中图片文件"任务 2-1.png"、"任务 2-2.png"，单击"插入"按钮，将图片插入文档中。

（2）设置环绕方式。

将分别选中的两张图片，设置环绕方式为"浮于文字上方"。其过程为选中图片，单击"图片工具/格式"选项卡的"排列"选项组中的"文字环绕"按钮，在弹出的下拉菜单中选择"浮于文字上方"选项。

（3）分别调整两张图片的大小与位置。选中图片，将鼠标指针移到图片四角的控制点上，按住鼠标左键并拖动鼠标调整图片的大小，将图片移至如图 2-22 所示的位置。

（4）设置图片透明色。双击右上角图片，单击"格式"选项卡的"调整"选项组中的颜色按钮 ![]，在下拉菜单中选择"设置透明色"选项，在右上角图片的白色区域单击。结果如图 2-23 所示。设置透明色的前后对比如 2-24 所示。

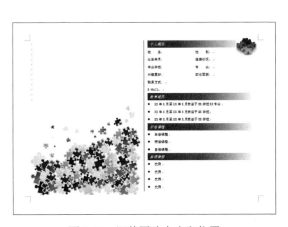

图 2-22　调整图片大小和位置

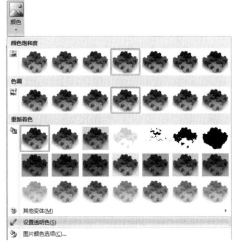

图 2-23　设置图片透明色

图 2-24　设置透明色比较

操作 3 　插入和设置艺术字

（1）插入艺术字"求职简历"。

① 将光标定位在第一行，单击"插入"选项卡的"文本"选项组中的"艺术字"按钮，在弹出的下拉菜单中选择"填充-蓝色，强调文字颜色 1，金属棱台，映像"选项，如图 2-25 所示。

② 在弹出的文本框中输入文本"求职简历"，每个字之间插入点号，单击"插入"选项卡"符号"选项组中的"符号"按钮，找到对应的符号插入，如图 2-26 所示。设置字体为"黑体"，字号为"初号"、"加粗"。

图 2-25　艺术字样式

图 2-26　插入字符

③ 单击"排列"选项组中的"自动换行"按钮，在弹出的下拉菜单中选择"浮于文字上方"选项。

④ 调整艺术字大小和位置。将鼠标指针移到艺术字四角的控制点，按住鼠标左键并拖动鼠标调整艺术字的大小，将艺术字移动到适当的位置，如图 2-27 所示。

（2）插入和设置艺术字"Curriculum Vitea"。

① 将光标定位在空白处，单击"插入"选项卡"文本"选项组中的"艺术字"按钮，在弹出的下拉菜单中选择"填充-白色，投影"选项，在文本框中输入"Curriculum Vitea"，设置字体为"Arial Black"，字号为"二号"。

② 将环绕方式设置为"浮于文字上方"。调整艺术字的位置，如图 2-28 所示。

图 2-27　调整艺术字大小位置

图 2-28　设置艺术字"Curriculum Vitea"

（3）插入和设置艺术字"个人简历"。

① 将光标定位在空白处，单击"插入"选项卡"文本"选项组中的"艺术字"按钮，在弹出的下拉菜单中选择"填充-红色，强调文字颜色2，粗糙棱台"选项，在文本框中输入"个人简历"，设置字体为"黑体"，字号为"二号"。

② 设置艺术字文本效果。单击"格式"选项卡的"艺术字样式"选项组中的"文本效果"按钮 A，在弹出的下拉菜单中单击"转换"按钮，选择"跟随路径"中的"上弯弧"选项，如图 2-29 所示。

③ 将环绕方式设置为"浮于文字上方"。调整艺术字的位置，效果如图 2-30 所示。

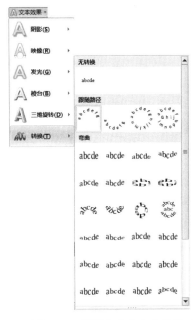

图 2-29　设置艺术字文本效果　　　　图 2-30　调整艺术字位置

（4）插入和设置艺术字"信心恒心专心"。

① 将光标定位在空白处，单击"插入"选项卡中的"艺术字"按钮，在弹出的下拉菜单中选择"填充-橙色，强调文字颜色6，暖色粗糙棱台"选项，在文本框中输入"信心恒心专心"，设置字体为"宋体"，字号为"三号"。

② 设置文字方向。单击"插入"选项卡的"文本"选项组中的"文字方向"按钮，选择"垂直"选项，如图 2-31 所示。

③ 将环绕方式设置为"浮于文字上方"。

④ 设置旋转角度。选中艺术字，单击绿色旋转手柄并顺时针旋转到所示位置；或设置精确角度，单击"格式"选项卡的"排列"选项组中的"旋转"按钮，选择"其他旋转"选项，弹出"布局"对话框，设置"大小"选项卡中"旋转"为 45°，如图 2-32 所示。

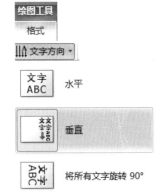

图 2-31　垂直文字

图 2-32　设置旋转角度

⑤ 设置艺术字形状效果。选中艺术字，单击"格式"选项卡的"形状样式"选项组中的"形状效果"按钮，在下拉菜单中选择"映像"→"映像变体"→"全映像，4pt 偏移量"选项，如图 2-33 所示。

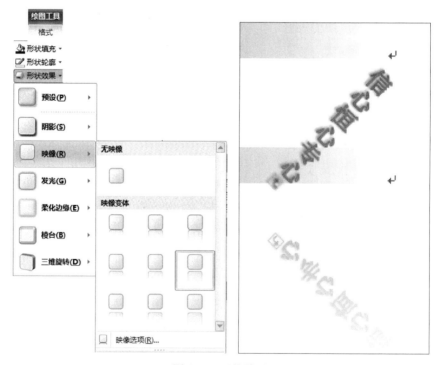

图 2-33　形状效果

⑥ 最终效果如图 2-34 所示。

图 2-34　求职简历最终效果

 知识延伸

本任务主要练习了文本框的相关操作。

在设置图片"任务 2-2.png"的透明背景后，还可以使用"删除背景"工具 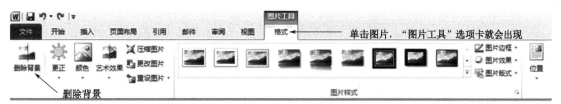 按钮删除背景，选中图片，单击"格式"选项卡的"调整"选项组中的"删除背景"按钮，调整图片的控制句柄，单击"删除"按钮。图片背景被删除，如图 2-35 所示。

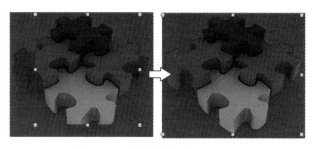

图 2-35　删除图片背景

Word 2010 还为用户新增了图片编辑工具，无须其他的照片编辑软件，即可插入、剪裁和添加图片特效，用户也可以更改其颜色和饱和度、色调、亮度，以轻松、快速地将简单的文档转换为艺术作品，如图 2-36 所示。

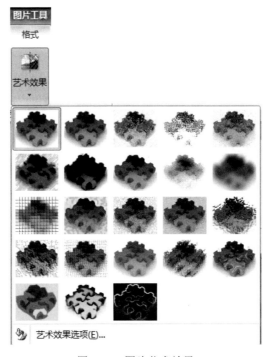

图 2-36　图片艺术效果

 任务小结

在 Word 的艺术字库中包含了许多艺术字样式，选择所需的样式，输入文字，即可轻松地在文档中创建漂亮的艺术字。创建艺术字后，可利用"艺术字工具/格式"选项卡对艺术字进行各种编辑和美化操作。

本任务中设计了多个艺术字，主要进行了艺术字的文字环绕、大小、旋转、样式、更改形状、轮廓、填充、映像等操作。

任务3　制作彩页广告

任务目标

本任务的目标是通过在文档中插入并设置文本框，使用图片、图形等相关知识，制作并美化彩页，最终效果如图 2-37 所示。

图 2-37　彩页广告最终效果

本任务的具体目标要求如下：

（1）熟练掌握在文档中插入和编辑文本框的方法。

（2）熟练掌握在文档中插入和编辑图片或艺术字的方法。

专业背景

彩页广告以纸为载体，图文并茂，再加上各种彩色、线条、符号等视觉元素，将广告信息传达给受众，信息直观，一目了然，就算不识字，通过图片也可以知道其是厨具甩卖、空调促销、服装降价、家电团购等商场销售信息。

操作思路

本任务的操作思路如图 2-38 所示。涉及的知识点有插入和设置文本框、艺术字、图片等，具体思路及要求如下：

（1）插入和设置页面背景。

（2）使用文本框添加文字。

（3）插入和设置艺术字、图片。

 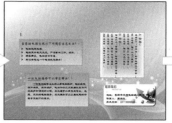 

图 2-38　制作彩页操作思路

操作 1 插入和设置页面背景

（1）打开"彩页广告"文档。

（2）进行页面设置。单击"页面布局"选项卡的"页面设置"选项组中的"纸张大小"按钮，在弹出的下拉菜单中选择"B5"选项。单击"纸张方向"按钮，在弹出的下拉菜单中选择"横向"选项。

（3）设置页面背景。单击"页面布局"选项卡的"页面背景"选项组中的"页面颜色"按钮。在弹出的下拉菜单中选择"填充效果"选项，弹出"填充效果"对话框，选择"渐变"选项卡。在"颜色"选项组中选择"双色"选项，单击"颜色 2"按钮，在弹出的下拉菜单中选择"标准色：橙色"，"底纹样式"选项组中选择"斜上"选项，在"变形"选项组中选择左下选项，如图 2-39 所示。

（4）插入图片。打开图片"任务 3-1.png"，设置"自动换行"为"衬于文字下方"，调整图片大小与位置，如图 2-40 所示。

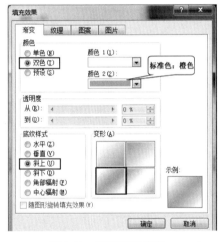

图 2-39　页面渐变填充

图 2-40　插入图片

操作 2 使用文本框添加文字

在文档中单击"插入"选项卡的"文本"选项组中的"文本框"按钮。在弹出的下拉菜单中选择"绘制文本框"选项，即可手动绘制横排文本框。当鼠标指针变为"＋"字箭头形状时，开始绘制自选图形，拖动鼠标至适当位置，释放鼠标左键，即可绘制出以拖动的起始位置和终止位置为对角顶点的文本框。

插入三个文本框，分别为其添加相应的内容：左上、左下、右上，具体操作如下。

（1）左上文本框的插入和设置。

① 将"当您的电脑……一个电话就能解决！"文本放在文本框中。选中文本，单击"插入"选项卡的"文本"选项组中的"文本框"按钮。在弹出的下拉菜单中选择"绘制文本框"选项，文本便放在文本框中了，如图 2-41 所示。

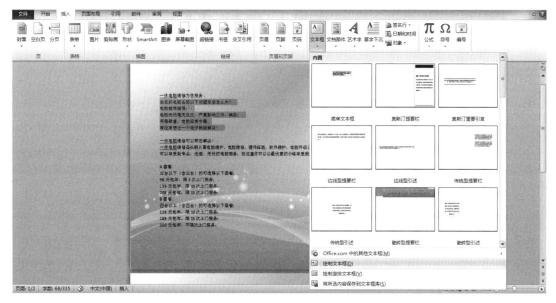

图 2-41　选中文本并将其放在文本框中

② 为文本框设置填充色、轮廓、阴影。选中文本框，单击"绘图工具/格式"选项卡的"形状样式"选项组中的"形状填充"按钮，在弹出的下拉菜单中选择"渐变"选项，在弹出的菜单中选择"浅色变体"中的"线性向下"选项。单击"形状轮廓"按钮，在弹出的下拉菜单中选择"主题颜色"为"蓝色，强调文字颜色 1"选项，选择"粗细"为 1.5 磅，选择"虚线""画线-点"。单击"形状效果"按钮，在弹出的下拉菜单中选择"阴影"选项，在弹出的菜单中选择"外部"中的"右下斜偏移"分组，如图 2-42 所示。

③ 设置文本框的大小。选中文本框，选择"文本框工具/格式"选项卡的"大小"选项组，设置文本框的高度为 4 厘米，宽度为 10 厘米。

④ 设置文本框中文字的格式。选中文本框中所有文字，选择"开始"选项卡，字体设置为"隶书"，字号设置为"小四"。选中第一行文本，将字体设置为"华文新魏"，字号设置为"小三"，标准色为"红色"。选中后四行文本，单击"段落"中的"项目符号"按钮，在下拉菜单中选择如图 2-43（a）所示符号。

⑤ 将文本框移动到适当位置，如图 2-43（b）所示。

（2）左下文本框的插入和设置。

① 将"一休电脑维修可以帮您解决……享受我们的服务"文本放在文本框中。选中文本，单击"插入"选项卡的"文本"选项组中的"文本框"按钮。在弹出的下拉菜单中选择"绘制文本框"选项，文本即放在文本框中。

② 为文本框设置填充色、轮廓、阴影。选中文本框，单击"绘图工具/格式"选项卡的"形状样式"选项组的"形状填充"按钮，在弹出的下拉菜单中选择"渐变"选项，在弹出的菜单中选择"浅色变体"中的"线性向下"选项。单击"形状轮廓"按钮，在弹出的下拉菜单中选择"无轮廓"选项。单击"形状效果"按钮，在弹出的下拉菜单中选择"发光"选项，在弹出的文本框中选择"发光变体"选项组中的"橙色，11pt 发光，强调文字颜

色 6"选项，如图 2-44 所示。

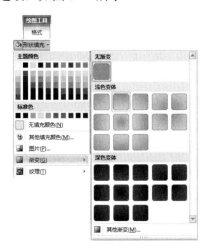

（a）形状填充：渐变

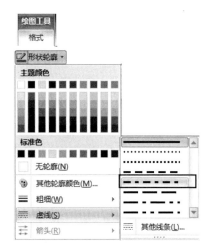

（b）形状轮廓虚线

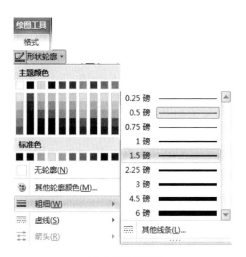

（c）形状轮廓粗细

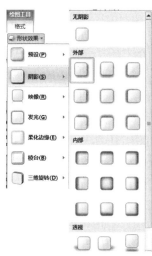

（d）文本框阴影

图 2-42　设置文本框填充色、轮廓、阴影

（a）插入项目符号

（b）文本框中文本格式、文本框位置

图 2-43　左上文本框设置

③ 设置文本框的大小。选中文本框，选择"文本框工具/格式"选项卡的"大小"选项组，设置文本框的高度为 5 厘米，宽度为 10 厘米。

④ 设置文本框中文字的格式。选中文本框中所有文字，选择"开始"选项卡，字体设置为"隶书"，字号设置为"小四"。选中第一行文本，将字体设置为"华文新魏"，字号设置为"小三"，标准色为"红色"。

⑤ 将文本框移动到适当位置，如图 2-45 所示。

图 2-44　文本框发光

图 2-45　左下文本框位置

（3）右上文本框的插入和设置。

① 将"套餐"文本放在文本框中。选中所有"套餐"文本，单击"插入"选项卡的"文本"选项组中的"文本框"按钮。在弹出的下拉菜单中选择"绘制竖排文本框"选项，文本即放在文本框中，并且纵向显示。

② 为文本框设置填充色、轮廓。选中文本框，单击"绘图工具/格式"选项卡的"形状样式"选项组中的"形状填充"按钮，在弹出的下拉菜单中选择"渐变"选项，在弹出的

Office 2010 案例教程

菜单中选择"其他渐变"选项。弹出"设置形状格式"对话框。在"填充"选项组中，选中"渐变填充"单选按钮，类型为"矩形"，方向为"中心辐射"，渐变光圈停止点 1 为"标准色，橙色"，停止点 2 为"浅橙色，强调文字颜色 6，淡色 40%"，停止点 3 为"白色，背景 1"。单击"确定"按钮，完成文本框渐变填充，如图 2-46 所示。单击"形状轮廓"按钮，在弹出的下拉菜单中选择"标准色橙色"选项，选择"粗细"为 3 磅，选择"虚线"，圆点。

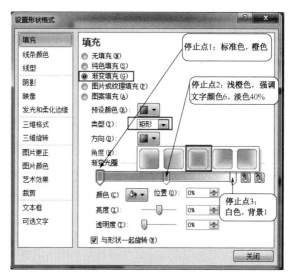

图 2-46　设置文本框渐变填充

③ 设置文本框的大小。选中文本框，单击"文本框工具/格式"选项卡的"大小"选项组，设置文本框的高度为 7 厘米，宽度为 7 厘米。

④ 设置文本框中文字的格式。选中文本框中所有文字，选择"开始"选项卡，字体设置为"隶书"。选中"套餐 A"和"套餐 B"，字号设置为"小三"，颜色设置为主题颜色"蓝色，强调文字颜色 1"；行距为固定值 18 磅。

⑤ 将文本框移动到适当位置，如图 2-47 所示。

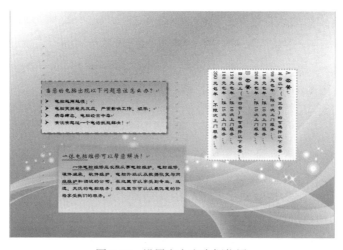

图 2-47　设置右上文本框位置

（4）设置自选图形。

① 插入自选图形，设置大小。单击"插入"选项卡的"插图"选项组中的"形状"按钮 ，选择"矩形"选项组中的"圆角矩形"选项，按下鼠标左键拖动画出图形，双击画好的"圆角矩形"，弹出"格式"选项卡，在"大小"选项组中设置高为 3.5 厘米，宽为 9 厘米。

② 设置自选图形的填充、轮廓、阴影。单击"格式"选项卡中"形状样式"选项组的"形状填充"按钮，在弹出的下拉菜单中选择"图片"选项，在弹出的下拉菜单中选择图片"任务 3-5.png"，单击 "插入"按钮，将图片设置为自选图形的背景。单击"形状轮廓"按钮，在弹出的下拉菜单中选择"无轮廓"选项。单击"形状效果"按钮，选择"阴影"选项，在弹出的下拉菜单中选择"阴影"选项，弹出"设置图片格式"对话框，选择"阴影"选项卡进行设置，预设为"右下斜偏移"，颜色为"标准色，蓝色"，透明度为 0%，虚化为 0 磅，角的为 45°，距离为 5 磅，如图 2-48 所示。

图 2-48　设置自选图形阴影

③ 设置自选图形文字。剪切"地址、联系人、电话"，选中"圆角矩形"并右击，选择"添加文字"，粘贴，选中自选图形内文字，字体设置为"隶书"，字号设置为"小四"。

④ 将自选图形移动到适当位置，如图 2-49 所示。

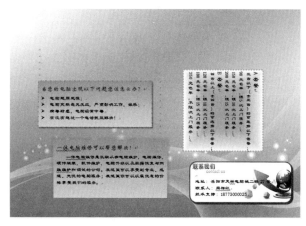

图 2-49　设置自选图形

操作 3 插入和设置艺术字、图片

（1）插入和设置艺术字。

① 选中"一休电脑维修"，单击"插入"选项卡的"文本"选项组中的"艺术字"按钮，在弹出的下拉菜单中选择"填充-蓝色，强调文字颜色 1，塑料棱台，映像"选项，设置字号为 48。

② 设置艺术字三维效果。选中艺术字，单击"格式"选项卡的"艺术字样式"选项组中的"文本效果"按钮A，在弹出的下拉菜单中选择"三维旋转"选项，再选择"三维旋转选项"选项，弹出"设置形状格式"对话框，选择"三维旋转"选项卡，设置预设为"平行"中的"离轴 1 右"，选择"三维格式"选项卡，设置深度为 30 磅，如图 2-50 所示。

图 2-50　设置艺术字三维效果

（2）插入和设置图片。

插入图片"任务 3-2.png"、"任务 3-3.png"和"任务 3-4.png"，设置环绕方式为"浮于文字上方"，调整图片的大小，给图片"任务 3-2.png"加外发光，参照"操作 2 步骤（2）中的内容"。

（3）调整图片和艺术字的位置。完成"彩页广告"的制作，效果如图 2-51 所示。

图 2-51　"彩页广告"最终效果

任务小结

用户可在文本框中输入文字，插入图片、表格和艺术字等，并可将文本框放置在页面的任意位置，从而设计出较为特殊的文档版式。文本框是 Word 的一种图形对象，所以普通图形也可以转换为文本框。在图形上右击，在弹出的快捷菜单中选择"添加文字"选项，这样即可将图形转换为文本框。

任务4 制作结构化面试流程图

任务目标

本任务的目标是通过绘制 SmartArt 图形来制作结构化面试流程图，最终效果如图 2-52 所示。通过练习应掌握插入和编辑艺术字，绘制 SmartArt 图形和自选图形等操作。

本任务的具体目标要求如下：

（1）熟练掌握插入和编辑艺术字的方法。

（2）掌握绘制和设置 SmartArt 图形的方法。

（3）掌握绘制自选图形的方法。

专业背景

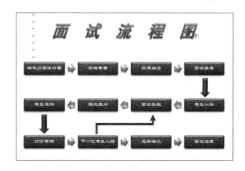

图 2-52 结构化面试流程图最终效果

传统面试的不足之一就是考官的提问太随意，想问什么就问什么；同时评价也缺少客观依据，想怎么评价就怎么评价。正因为如此，传统面试的应用效果不理想，面试结果通常也很难令人信服。结构化面试的实施过程更为规范，面试结果也更为客观、公平、有效。利用 Office 2010 提供的 SmartArt 图形功能，可以制作出具有专业水准的流程图，从而快速、准确、有效地传达信息。

操作思路

本任务的操作思路如图 2-53 所示，涉及的知识点有插入和编辑艺术字，绘制 SmartArt 图形，绘制自选图形箭头流程线等，具体思路及要求如下：

（1）插入并编辑艺术字。

（2）插入并编辑 SmartArt 图形。

（3）绘制箭头流程线。

图 2-53　制作结构化面试流程图操作思路

操作1　插入并编辑艺术字

新建文档，在文档中插入艺术字"面试流程图"。

（1）插入艺术字。将光标定位在第一行，单击"插入"选项卡的"文本"选项组中的"艺术字"按钮，在弹出的下拉菜单中选择"填充-红色，强调文字颜色2，暖色粗糙棱台"选项。

（2）编辑文字。在文本框中输入"面试流程图"，设置字体为"黑体"，字号为"小初"，"加粗"，"倾斜"。

（3）设置间距。单击"开始"选项卡的"段落"选项组中"分散对齐"按钮。在弹出的"调整宽度"对话框中设置"新文字宽度"为9字符，如图2-54所示。

（4）设置大小。在"大小"选项组中，设置高度为3厘米，宽度为14厘米。

（5）完成设置，艺术字效果如图2-55所示。

图 2-54　调整宽度

图 2-55　艺术字效果

操作2　插入并编辑 SmartArt 图形

（1）插入 SmartArt 图形。

① 将光标定位在艺术字下面。单击"插入"选项卡的"插图"选项组中的"SmartArt"按钮。

② 弹出"选择 SmartArt 图形"对话框，在左侧列表框中选择"流程"选项，在中间的列表中选择"基本流程"选项，在右侧可预览选择的图形效果，如图2-56所示。单击"确定"按钮，将 SmartArt 图形插入文档中。

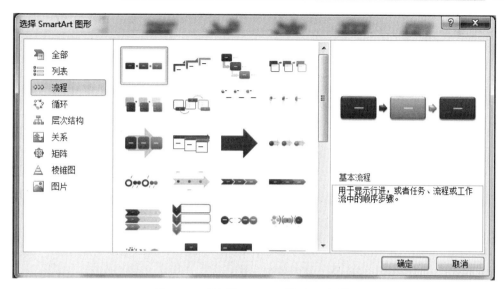

图 2-56　"选择 SmartArt 图形"对话框

（2）添加形状。单击"SmartArt 工具/设计"选项卡的"创建图形"选项组中的"添加形状"按钮，将在选中的形状后添加一个形状。在 SmartArt 图形后添加 1 个形状，如图 2-57 所示。

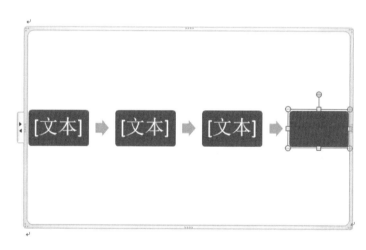

图 2-57　添加形状

　　提示：可以使用文本窗格添加形状，分为在文本前和文本后两种情况。在文本窗格中，将光标定位在选中形状文本的开头或结尾，按【Enter】键，即可在选中形状前或后添加一个形状。

（3）在 SmartArt 图形中添加文本。选中需要输入文本的形状，然后在其中输入相应的文本。

　　提示：通过打开文本窗格，也可以在形状中添加文本。单击 SmartArt 图形左侧的下拉按钮，弹出文本窗格，或者单击"SmartArt 工具/设计"选项卡的"创建图形"选项组中的"文本窗格"按钮，弹出文本窗格，即可在文本窗格中为形状输入文字，如图 2-58 所示。

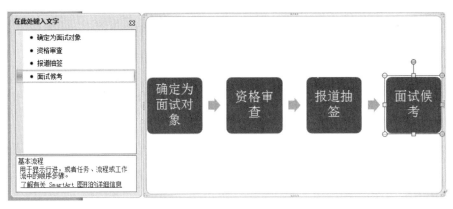

图 2-58　通过文本窗格添加文本

（4）设置 SmartArt 图形样式。选中 SmartArt 图形，在"SmartArt 工具/设计"选项卡的"SmartArt 样式"选项组中，选择"强烈效果"的样式。

（5）设置文本格式。选中 SmartArt 图形，在"开始"选项卡中，设置文本格式为"隶书"、"11 号"。

（6）调整形状的大小。按【Shift】或【Ctrl】键，选中 SmartArt 图形中的 4 个矩形。单击"SmartArt 工具/格式"选项卡的"形状"选项组中的"增大"按钮，如图 2-59 所示。

（7）设置 SmartArt 图形的大小。选中 SmartArt 图形，单击"SmartArt 工具/格式"选项卡中的"大小"按钮，在下拉菜单中设置高度为 1 厘米，宽度为 16 厘米，效果如图 2-60 所示。

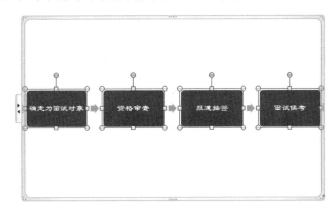

图 2-59　调整形状大小

图 2-60　设置 SmartArt 图形的大小

（8）设置位置。选中 SmartArt 图形，单击"SmartArt 工具/格式"选项卡的"排列"选项组的"自动换行"按钮，在弹出的下拉菜单中选择"浮于文字上方"选项。

（9）复制并粘贴 SmartArt 图形。选中复制的 SmartArt 图形，单击"SmartArt 工具/设计"选项卡的"创建图形"选项组中的"从右向左"按钮 ，改变流程图方向。

（10）再粘贴一份 SmartArt 图形，将三份图形上下距离拉开一点，选中三份图形，单击"开始"选项卡的"排列"选项组中的"对齐"按钮 ，在弹出的下拉列表中选择"左右居中"和"纵向分布"选项，如图 2-61 所示。

（11）修改第二行和第三行 SmartArt 图形的文本内容。

图 2-61　SmartArt 图形的对齐及分布

操作 3　绘制箭头流程线

（1）绘制"下箭头"。

① 单击"插入"选项卡中的"形状"按钮，在弹出的下拉菜单中选择"箭头总汇"中的"下箭头"选项。

② 在文档中绘制"下箭头"，并设置高度为 1.5 厘米，宽度为 0.8 厘米；颜色设为"蓝色，强调文字颜色 1"；单击"形状样式"选项组中的"形状效果"按钮，在弹出的下拉菜单中选择"棱台"选项，选择"圆"选项。

（2）复制粘贴"下箭头"。移动形状到如图 2-62 所示的位置。

（3）绘制"肘形箭头"。

① 单击"插入"选项卡中的"形状"按钮，在弹出的下拉菜单中选择"线条"中的"肘形箭头连接符"选项。

② 选中在文档中绘制的"肘形箭头连接符"并右击，在弹出的菜单中选择"设置自选图形格式"选项。

③ 弹出"设置形状格式"对话框。在"线条颜色"选项组中，"颜色"设为"蓝色，强调文字颜色 1"，粗细设置为"4.5 磅"；在"箭头"选项组中，"后端大小"设为"右箭头 1"，单击"形状样式"选项组中的"形状效果"按钮，在弹出的下拉菜单中选择"棱台"选项，在弹出的下拉菜单中选择"圆"选项，设置高度为 4.5 厘米，宽度为 1.5 厘米，单击"排列"分组中的"旋转"按钮，在弹出的下拉菜单中选择"向左旋转 90°"选项，调整位置，如图 2-63 所示。

图 2-62　绘制下箭头

（a）设置形状格式　　　　　　　　　　（b）旋转

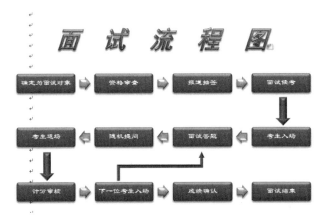

（c）"结构化面试流程图"最终效果

图 2-63　绘制"肘形箭头"

提示：选中"肘形箭头连接符"，中间位置将出现一个黄色菱形控制柄，拖动该控制柄可以调整连接符的弯曲位置。连接符两端位置处有两个绿色圆形控制柄，用以调整连接符的大小。

将"肘形箭头连接符"进行变形。选中"肘形箭头连接符"，拖动中间的黄色菱形控制柄至右端，具体操作如图 2-64 所示。

图 2-64　肘形箭头变形过程

肘形箭头的右端不容易绘制，可以先绘制一个白色无轮廓的矩形，将其右上端遮盖，然后组合肘形箭头和白色区域即可。

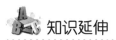 知识延伸

本任务主要练习了绘制 SmartArt 图形的相关操作。

SmartArt 的含义是智能化的图形，可以理解为信息和观点的视觉表示形式。

SmartArt 图形中有 3 个重要的概念：形状、文本和布局。

（1）形状：构成布局的基本元素。

（2）文本：每个形状中用于说明的文字，或代表某种特定意义的文字。

（3）布局：形状的分布、排列和相互之间的依赖关系。

SmartArt 图形提供了多种布局，按类别可以分为"列表"、"流程"、"循环"、"层次结构"、"关联"、"矩阵"和"棱锥图"，每一种类别下又包含若干个布局。

下面介绍 SmartArt 图形的"设计"和"格式"功能区中各按钮的作用。

1．SmartArt 图形的"设计"功能区

SmartArt 图形的"设计"功能区如图 2-65 所示，其中各按钮的作用分别如下。

图 2-65　"设计"功能区

◆ "添加形状"按钮：单击该下拉按钮，在弹出的下拉列表中可选择 SmartArt 图形添加形状的位置。

◆ "添加项目符号"按钮：可在 SmartArt 图形的文本中添加项目符号，仅当所选布局支持带项目符号文本时，才能使用该功能。

◆ "从左向右"按钮：单击该按钮，可改变 SmartArt 图形的左右位置。

◆ "布局"工具栏列表框：在该列表框中，可以为 SmartArt 图形重新定义布局样式。

◆ "更改颜色"按钮：单击该下拉按钮，在弹出的下拉列表中可以为 SmartArt 图形设置颜色。

◆ "SmartArt 样式"工具栏列表框：在该列表框中，可选择 SmartArt 图形样式。

2．SmartArt 图形的"格式"功能区

SmartArt 图形的"格式"功能区如图 2-66 所示，其中各按钮的作用分别如下。

图 2-66 "格式"功能区

◆ "在二维视图中编辑"按钮：单击该按钮，可将所选的三维 SmartArt 图形更改为二维视图，以便在 SmartArt 图形中调整形状大小和移动形状，仅用于三维样式。

◆ "增大"／"减小"按钮：单击相应的按钮，可改变所选 SmartArt 图形中形状的大小。

◆ "形状样式"工具栏列表框：选择 SmartArt 图形中的形状，在该列表框中可为该形状设置样式。

◆ "艺术字样式"工具栏列表框：在该列表框中，可为选择的文字设置样式。

◆ "文本填充"按钮：单击该下拉按钮，在弹出的下拉列表中可设置文本的填充颜色。

◆ "文本轮廓"按钮：单击该下拉按钮，在弹出的下拉列表中可为选中的文字设置文本边框的样式及颜色。

◆ "文本效果"按钮：单击该下拉按钮，在弹出的下拉列表中可为选中的文字设置特殊的文本效果，如发光、阴影等。

任务小结

本任务围绕流程图的编辑制作，介绍了 Word 2010 SmartArt 图形的设计与制作方法。系统为用户提供了多种模板形式，各种模板都有一定的使用范围，用户可根据不同的情况选择不同的模板。

任务目标

本任务的目标是通过插入并设置表格来制作公司面试评价表文档，最终效果如图 2-67 所示。通过练习应掌握插入表格的基本操作和设置表格的方法，包括插入和绘制单元格，合并与拆分单元格，以及设置表格的行高、列宽、边框和底纹等操作。

本任务的具体目标要求如下：

（1）熟练掌握插入表格的方法。

（2）熟练掌握表格的基本操作（选择、插入、删除、合并与拆分单元格，设置行高、列宽等）。

（3）熟练掌握设置表格的基本操作（设置边框和底纹、对齐方式等）。

图 2-67 公司面试评价表最终效果

专业背景

面试可以由表及里地测评应聘者的知识、能力、经验等有关素质，面试评价表能及时记录应聘者的面试表现，可以作为是否录用应聘者的重要依据。制作表格时可以先在稿纸上画出大致的布局，然后照表绘制即可。表格中的内容可以根据情况需要进行添加，一般添加固定的内容，有变动的内容，可在使用时再进行添加。

操作思路

本任务的操作思路如图 2-68 所示。涉及的知识点有插入和绘制表格、设置表格等基本操作，具体思路及要求如下：

（1）新建文档，输入正文文本，插入表格。

（2）绘制表格、合并与拆分单元格，设置表格的行高、列宽。

（3）设置表格的边框和底纹、对齐方式等。

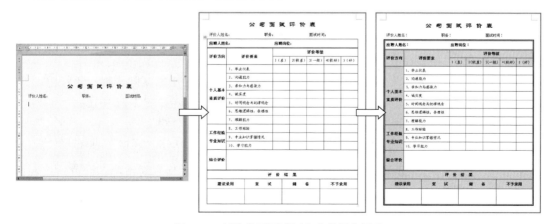

图 2-68 制作公司面试评价表的操作思路

操作 1　插入表格

（1）新建文档，在文档中输入表格名称为"公司面试评价表"，并设置字体为"华文隶书"，字号为"小二"，如图 2-69 所示。

（2）将光标定位在第三行，单击"插入"选项卡"表格"功能选项组中的"表格"按钮，在弹出的下拉菜单中选择"插入表格"选项，弹出"插入表格"对话框。

（3）在"列数"数值框中输入"1"，在"行数"数值框中输入"17"，如图 2-70 所示。

（4）选中表格设置字体格式。将光标移动到表格中，此时表格左上方会出现"十"字形图标，单击图标，即可选中整个表格，将所有字体格式设置为"宋体、五号、加粗"。

图 2-69　设置文本格式

图 2-70　"插入表格"对话框

操作 2　绘制表格、合并与拆分单元格、设置行高列宽

（1）在表格第一行中输入文本"应聘人姓名："和"应聘岗位："。

（2）在第二行中输入文本"评价方向"，在文字"评价方向"右侧绘制一条竖线。

单击"表格工具/设计"选项卡"笔划粗细"右侧的下拉按钮，在弹出的下拉列表中选择"0.25 磅"选项。单击"绘制表格"按钮，此时光标变为铅笔形状，按住鼠标左键不放，在文字"评价方向"右侧绘制一条竖线，位置在表格的第 2～14 行，如图 2-71 所示。

（3）选中"评价方向"和下面一个单元格，单击"表格工具/布局"选项卡"合并"选项组中的"合并单元格"按钮，将这两个单元格合并成一个单元格。

（4）在"评价方向"右侧第二行的单元格中输入文本"评价要素"。

（5）"评价要素"下面一行不输入文本，在空行下面的单元格中分别输入相应的文本，并设置文字格式为"楷体、五号"，如图 2-72 所示。

（6）单击"绘制表格"按钮，在"评价要素"和其下面的文本右侧绘制一条竖线，位置在表格的第 2～13 行。对"评价要素"和下面单元格进行合并，如图 2-73 所示。

（7）在"评价要素"右侧表格的第一行中输入文本"评价等级"。

（8）选中"评价等级"下面一列单元格，即第 3～13 行。单击"表格工具/布局"选项卡"合并"选项组中的"拆分单元格"按钮，弹出"拆分单元格"对话框，设置列数为 5，行数为 11，如图 2-74 所示。

图 2-71　绘制"评价方向"右侧的竖线

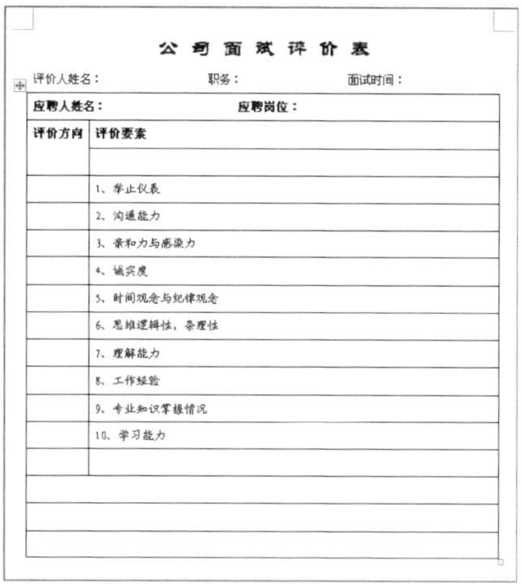

图 2-72　输入"评价要素"等文本

图 2-73　绘制"评价要素"右侧的竖线

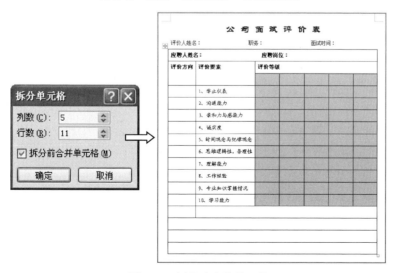

图 2-74　拆分选中的单元格

（9）在“评价等级”下一行的单元格中输入相应的文本，并设置字体格式为“楷体、五号”。

（10）合并表中第一列的第 4～10 行，在合并的单元格中输入文本“个人基本素质评价”；合并表中第一列的第 11～13 行，输入文本“工作经验专业知识”，并在下面的单元格中输入文本“综合评价”。

（11）选中“综合评价”一行，在“表格工具/布局”选项卡“单元格大小”选项组中的“表格行高度”数值框中输入“2”，效果如图 2-75 所示。

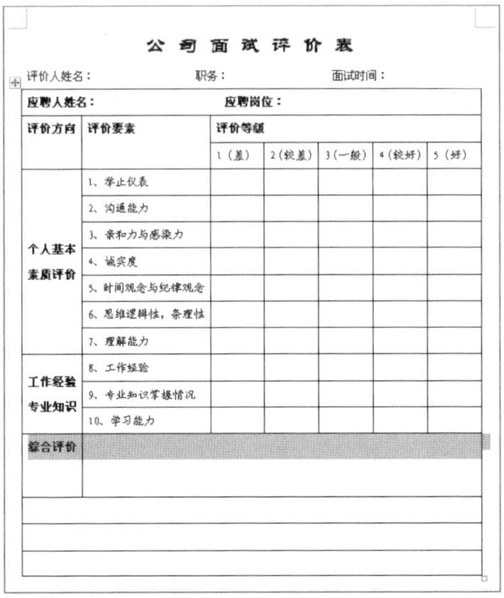

公 司 面 试 评 价 表

评价人姓名：　　职务：　　面试时间：

应聘人姓名：			应聘岗位：			
评价方向	评价要素	评价等级				
		1（差）	2（较差）	3（一般）	4（较好）	5（好）
个人基本素质评价	1、举止仪表					
	2、沟通能力					
	3、亲和力与感染力					
	4、诚实度					
	5、时间观念与纪律观念					
	6、思维逻辑性，条理性					
	7、理解能力					
工作经验专业知识	8、工作经验					
	9、专业知识掌握情况					
	10、学习能力					
综合评价						

图 2-75　设置“综合评价”的行高

（12）在综合评价下面一行中输入文本“评价结果”。

（13）选中表格最后两行，拆分成 2 行、4 列。

（14）在倒数第二行中输入相应的文本“建议录用”、“复试”、“储备”、“不予录用”。

（15）选中最后一行，将行高设置为 1.5 厘米，效果如图 2-76 所示。

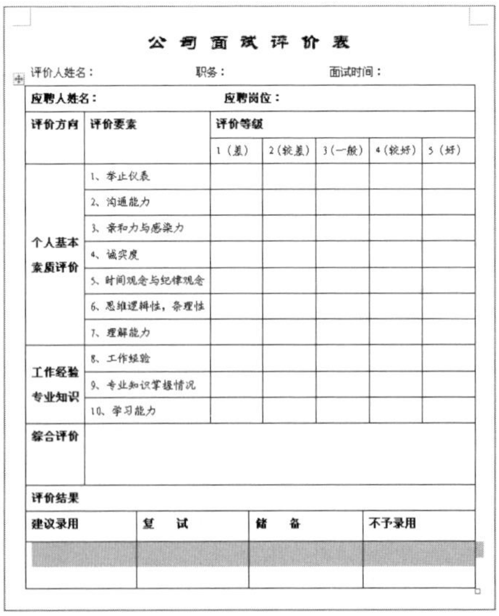

公 司 面 试 评 价 表

评价人姓名：　　职务：　　面试时间：

应聘人姓名：			应聘岗位：			
评价方向	评价要素	评价等级				
		1（差）	2（较差）	3（一般）	4（较好）	5（好）
个人基本素质评价	1、举止仪表					
	2、沟通能力					
	3、亲和力与感染力					
	4、诚实度					
	5、时间观念与纪律观念					
	6、思维逻辑性，条理性					
	7、理解能力					
工作经验专业知识	8、工作经验					
	9、专业知识掌握情况					
	10、学习能力					
综合评价						
评价结果						

建议录用	复　试	储　备	不予录用

图 2-76　设置最后一行行高

操作 3　设置表格的底纹、边框及对齐方式

（1）设置表格外边框。

① 选中整个表格。

② 单击“设计”选项卡“绘图边框”选项组中的“笔样式”右侧的下拉按钮，在弹出的下拉列表中选择“══════”样式，选择“笔划粗细”下拉列表框中的“1.5 磅”选项。

③ 此时鼠标指针显示为铅笔形状。单击“表格样式”选项组中的“边框”按钮，在弹出的下拉列表中选择“外侧框线”选项。

（2）设置第一行的下边框样式。选中第一行单元格，“笔样式”选择“══════”，“笔划粗细”选择“0.25 磅”选项，“边框”选择“下框线”选项。

（3）设置倒数第三行的上边框样式。选中倒数第三行单元格，“笔样式”选择“══════”，“笔划粗细”选择“0.25 磅”选项，“边框”选择“上框线”选项，如图 2-77 所示。

公 司 面 试 评 价 表

评价人姓名：　　　　职务：　　　　面试时间：

应聘人姓名：		应聘岗位：				
评价方向	评价要素	评价等级				
		1（差）	2(较差)	3(一般)	4(较好)	5（好）
个人基本素质评价	1、举止仪表					
	2、沟通能力					
	3、亲和力与感染力					
	4、诚实度					
	5、时间观念与纪律观念					
	6、思维逻辑性，条理性					
	7、理解能力					
工作经验专业知识	8、工作经验					
	9、专业知识掌握情况					
	10、学习能力					
综合评价						
评价结果						
建议录用	复　试	储　备	不予录用			

图 2-77　设置边框样式

（4）设置表格底纹。按住【Ctrl】键不放，选择表格中如图 2-78 所示的区域，单击“设计”选项卡“表格样式”选项组中的“底纹”按钮，在弹出的下拉列表中选择“白色，背景 1，深色 15%”选项。

图 2-78　设置表格底纹

（5）设置文本的对齐方式。选中表格，单击"布局"选项卡"对齐方式"选项组中的"水平居中"按钮。选中第一行，设为"中部两端对齐"；选中"1、举止仪表"到"10、学习能力"所在的单元格区域，设置对齐方式为"中部两端对齐"。

（6）完成公司面试评价表的制作，最终效果如图 2-79 所示。

图 2-79　公司面试评价表最终效果

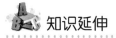

本任务练习了在文档中添加表格的方法，在文档中插入表格后，选择相应的单元格对象，利用"设计"或"布局"选项卡，对表格进行设置。

根据用户的不同需求，可以插入其他几种表格，下面介绍具体操作方法。

1. 插入带有斜线表头的表格

（1）利用前面介绍的方法，在文档中插入普通表格。

（2）单击"设计"选项卡"表格样式"选项组中的"边框"按钮，在弹出的菜单中选择"绘制斜下框线"选项。

（3）依次输入相应的表头文字，将文字移动到合适的位置，如图 2-80 所示。

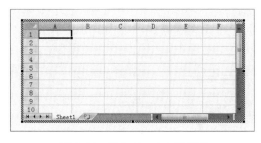

图 2-80 插入斜线表头效果

2. 插入 Excel 的表格

（1）将光标定位在要插入表格的位置，单击"表格"工具栏中的"表格"按钮。

（2）在弹出的快捷菜单中选择"Excel 电子表格"选项。系统将自动调用 Excel 程序，生成一个 Excel 表格。

（3）将光标移动到虚线框的 8 个黑色控制点上，按住鼠标左键不放，向任意方向拖动，可改变表格大小。可通过改变表格大小来确定表格显示的行列数，如图 2-81 所示。

（4）单击任意空白处，退出 Excel 表格编辑状态，Word 中的 Excel 表格如图 2-82 所示。

图 2-81 插入 Excel 电子表格   图 2-82 Word 中的 Excel 表格

3. 插入带有样式的表格

（1）将文本插入点定位在需要创建表格的位置，单击"插入"选项卡"表格"选项组中的"表格"按钮。

（2）在弹出的下拉列表中选择"快速表格"选项，然后选择需要的表格模板样式，如表格式列表，带小标题、矩阵和日期等。

（3）在 Word 中插入应用样式的表格，效果如图 2-83 所示。

图 2-83　插入带样式的表格

任务小结

　　表格是由单元格组成的，是用来组织和显示信息的一种格式。使用表格可以将复杂的信息简单明了地表达出来。对表格的主要操作包括：表格的创建、表格的编辑（移动、选择、插入、删除等）、单元格的合并与拆分、表格的拆分、行高和列宽的调整、边框和底纹的设置、对齐方式的设置等。

任务目标

　　本任务的目标是利用输入特殊字符、插入和编辑公式等操作，制作一份数学试卷文档，最终效果如图 2-84 所示。通过练习应掌握编辑公式的方法。

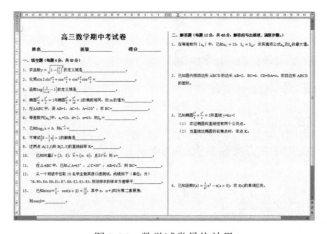

图 2-84　数学试卷最终效果

本任务的具体目标要求如下：

（1）掌握特殊字符的输入方法。

（2）熟练掌握编辑公式的操作。

专业背景

对于经常需要使用公式的用户来说，微软公司发布的 Office 2010 是一个不错的选择，它的易用性和功能与之前的版本相比有了质的飞跃。现在不用再受功能不全的 MathType——公式编辑器 3.0 的限制，利用"公式工具"可以直接插入公式，且提供了多种公式的样式，从而满足了绝大多数用户的需求，特别是教育工作者和科技人员。

操作思路

本任务的操作思路如图 2-85 所示。涉及的知识点有输入特殊字符，插入和编辑公式等，具体思路及要求如下：

（1）设置文档格式。

（2）使用公式输入特殊字符。

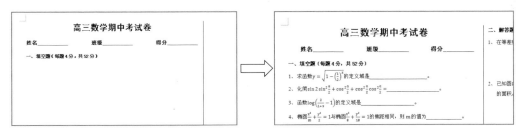

图 2-85　制作数字试卷操作思路

操作 1　设置文档格式，输入试卷内容

（1）新建空白文档，单击"页面布局"选项卡"页面设置"选项组中的"页边距"按钮 ，在弹出的对话框中将"上、左、右"页边距设置为"2 厘米"，将"下"页边距设置为"3 厘米"；单击"纸张方向"按钮 ，设置为"纵向"。

（2）单击"纸张大小"按钮 ，在弹出的下拉菜单中选择"其他页面大小"选项，然后在其下方设置"宽度"为"36.8 厘米"，"高度"为"26 厘米"，设置完成后单击"确定"按钮，完成页面的设置，如图 2-86 所示。

（3）单击"页面设置"功能组中的"分栏"按钮，选择"更多分栏"选项。弹出"分栏"对话框，在"预设"选项组中选择"两栏"选项，选中"分隔线"复选框，在"宽度和间距"选项组的"间距"数值框中输入"2"，单击"确定"按钮，完成分栏设置。

（4）在文档中，连续按【Enter】键，将光标移至文档右半面，便可显示分栏线。

（5）按【Ctrl+A】组合键选中整篇文档，单击"开始"选项卡"段落"选项组中的"对话框启动器"按钮，弹出"段落"对话框，选择"间距"选项组的"行距"下拉列表中的"1.5 倍行距"选项，单击"确定"按钮，完成行距设置。

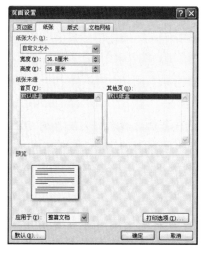

图 2-86　"页面设置"对话框

（6）将光标定位在文档左半面的第一行，输入文本"高三数学期中考试卷"，设置格式为"黑体、二号、加粗"。

（7）在第二行中输入文本"姓名＿＿＿＿＿"、"班级＿＿＿＿＿"和"得分＿＿＿＿＿"，格式设置为"黑体、四号、加粗"，选中该行，设置行距为 3 行。

提示： 下画线的输入方法。

◆ 将键盘切换到英文输入状态下，然后按【Shift+-】组合键，即可输入下画线。

◆ 在需要加下画线的地方按空格键，根据需要确定空格键个数，然后选中空格区域，按【Ctrl+U】组合键，可输入下画线。

（8）在第三行中输入文本"一、填空题（每题 4 分，共 52 分）"，格式设置为"宋体、小四号、加粗"。

操作2　输入公式

（1）输入第一个填空题，将光标定位在第四行，文字格式设置为"宋体、小四号"，输入文本"求函数"。

（2）输入公式。

① 单击"插入"选项卡 "符号"选项组中的"公式"按钮 π ，在文档中插入"插入新公式"输入框，如图 2-87 所示，同时弹出"公式工具/设计"选项卡，如图 2-88 所示。

图 2-87　输入公式

图 2-88　"公式工具/设计"选项卡

② 在输入框中直接输入"y="。

③ 输入"$\sqrt{1-}$"。单击"结构"选项组中的"根式"按钮，在弹出的下拉列表中选择"平方根"选项，将其插入文档。按键盘上的左右方向键或单击，选中"占位符"，输入"1-"。

④ 在根式下继续输入"$(\quad)^x$"。单击"结构"选项组中的"上下标"按钮，在弹出的下拉列表中选择"上标"选项，将其插入文档。按键盘上的左方向键，选中"指数"中的"占位符"，输入"x"。选中"底数"中的"占位符"，单击"结构"选项组中的"括号"按钮，在弹出的下拉列表中选择"小括号"选项，将其插入文档。

⑤ 在（　　）中输入"$\dfrac{1}{2}$"。用同样的方法选中括号中的"占位符"，单击"结构"选项组中的"分数"按钮，从弹出的下拉列表中选择"分数（竖式）"选项。选中"分母"中的"占位符"，输入"2"，选中"分子"中的"占位符"，输入"1"。

⑥ 公式编辑完成，单击文档的任意位置，公式编辑区域的蓝色编辑框自动消失。如果需要再次编辑公式，可单击该公式，蓝色的编辑框就会再次显示出来。

⑦ 在公式后面输入文本"的定义域是＿＿＿＿＿＿＿＿＿＿＿＿。"

⑧ 添加"编号"。单击"开始"选项卡"段落"选项组中"编号"右侧的下拉按钮，在弹出的下拉列表中选择一种编号。

⑨ 完成该题的输入，如图 2-89 所示。

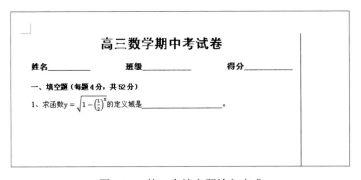

图 2-89　第一个填空题输入完成

（3）输入第二个填空题。当前光标在第一题最后，按【Enter】键，开始输入第二题，输入文本"化简"。

（4）输入公式。

① 方法同步骤（2），单击"公式"按钮，在文档中插入公式输入框。单击"公式工具/设计"选项卡"结构"选项组中的"函数"按钮，在弹出的下拉列表中选择"sin"选项，将光标定位在 sin 后面的"占位符"中，输入"2"。

② 输入"$\sin^2$"。将光标移到 2 后面，单击"结构"选项组中的"上下标"按钮，在弹出

的下拉列表中选择"上标"选项，选中"底数"中的"占位符"，用键盘输入"sin"，然后选中"指数"中的"占位符"，输入"2"。

③ 输入"$\dfrac{\alpha}{2}$"。按键盘上的右方向键，将光标定位在 $\sin^2$ 整体后面，单击"结构"选项组中的"分数"按钮，从弹出的下拉列表中选择"分数（竖式）"选项。选中"分母"中的"占位符"，输入"2"，选中"分子"中的"占位符"，单击"符号"选项组右下角的"其他"按钮，弹出如图 2-90 所示的对话框，单击左上角的下拉按钮，选择下拉列表中的"希腊字母"选项，输入"α"。

④ 后面公式的输入方法同上。

⑤ 第二个填空题输入完成的效果如图 2-91 所示。

（5）利用相同的方法，输入试卷的其他内容。数学试卷的最终效果如图 2-92 所示。

图 2-90　公式的符号　　　　　　　　　　图 2-91　第二题输入完成效果

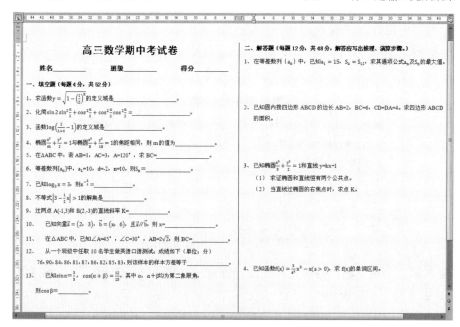

图 2-92　数学试卷最终效果

 知识延伸

本任务练习了制作试卷的相关操作。主要使用了页面设置和公式编辑等操作。下面介绍

一些其他与公式编辑有关的知识。

1. 使用公式编辑器输入公式

（1）单击"插入"选项卡"文本"选项组中的"对象"按钮，在下拉列表中选择"对象"选项，弹出"对象"对话框。

（2）选择"新建"选项卡，在弹出的"对象类型"列表框中选择"Microsoft 公式 3.0"选项，如图 2-93 所示，单击"确定"按钮，打开公式编辑器，如图 2-94 所示。

（3）光标闪动处为输入框，将公式输入其中即可。

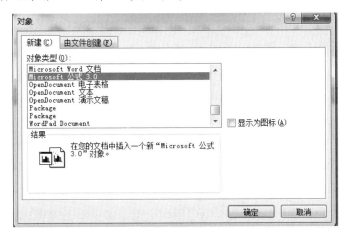

图 2-93 "对象"对话框

图 2-94 公式编辑器

2. 调整公式大小

如果编辑好公式后需要调整大小，可以在"开始"选项卡"字号"下拉列表中选择合适的字号，可按比例缩放整个公式。另外，选中公式后按【Ctrl+Shift + >】或【Ctrl+Shift + <】组合键可放大或缩小公式。

3. 保存公式到公式库中

很多公式非常类似，为了方便今后的使用和修改，可以把公式保存到"公式库"中。选中公式，单击公式右下角的下拉按钮，在弹出的下拉列表中选择"另存为新公式"选项，如图 2-95 所示。弹出"新建构建基块"对话框，在"名称"文本框内输入"正切二倍角公式"，单击"确定"按钮，保存公式，如图 2-96 所示。

以后使用时，只需单击"插入"选项卡"符号"选项组中"公式"下方的下拉按钮，在弹出的下拉列表中找到已保存的公式，选中该公式，即可将其插入文档。

图 2-95　保存公式　　　　　　图 2-96　"新建构建基块"对话框

4．"专业型"和"线性型"公式

为了方便排版或符合不同用户的使用习惯，"公式工具"提供了将公式转换为"专业型"或"线性型"的功能。选中公式，单击公式右下角的下拉按钮，在弹出的下拉列表中选择"专业型"或"线性型"选项即可。如"二次公式"专业型为 $x = \dfrac{-b \pm \sqrt{b^2 - 4ac}}{2a}$ ，线性型为 $x = (-b \pm \sqrt{(b \wedge 2 - 4ac)})/2a$ 。

5．"公式工具"的格式要求

"公式工具"只支持".DOCX"格式的文档，如果文章格式为".DOC"，即处于兼容模式下，"公式"按钮会呈灰色显示，即无法使用。

本任务通过制作与编辑数学试卷，介绍了特殊字符的输入、公式的插入和编辑等操作。在编辑公式的过程中，需要利用键盘的上、下、左、右方向键或移动光标来选中"占位符"，从而准确无误地插入公式内容。如果需要调整公式的大小，只需选中公式，设置字号即可。

实战演练 1　制作产品介绍

本演练要求利用图片、SmartArt 和艺术字的相关操作，制作如图 2-97 所示的名片文档。

本实训的操作思路如图 2-98 所示，具体分析及思路如下。

（1）设置页面制作背景。

（2）插入图片和艺术字。

（3）在文档中插入 SmartArt 图形。

图 2-97　产品介绍文档效果

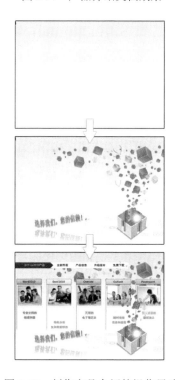

图 2-98　制作产品介绍的操作思路

实战演练 2　制作申报表文档

 演练目标

　　本演练要求利用插入表格和设置表格的相关知识，制作一份公司员工调动、晋升申报表，效果如图 2-99 所示。

图 2-99　申报表文档效果

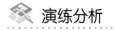演练分析

本演练的操作思路如图 2-100 所示，具体分析及思路如下。

（1）在文档中插入图片，输入标题文本并设置格式。

（2）插入表格，合并与拆分单元格，设置表格的行高及列宽。

（3）对表格进行边框和底纹等设置，使其更加合理美观。

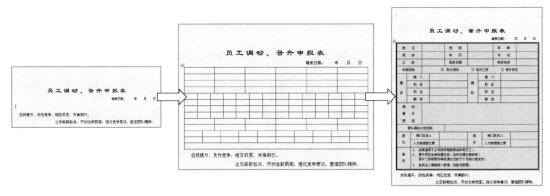

图 2-100　制作申报表文档操作思路

实战演练 3　制作成人高考数学模拟试题文档

演练目标

本演练要求利用公式工具的相关知识，制作成人高考数学模拟试题文档，效果如图 2-101 所示。

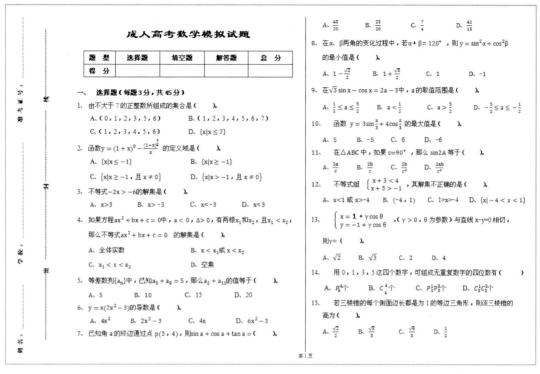

图 2-101　成人高考数学模拟试题文档

演练分析

本演练的操作思路如图 2-102 所示，具体分析及思路如下。

（1）进行页面设置、分栏、输入标题、插入表格操作。

（2）输入试卷内容，使用公式工具输入公式。

（3）制作密封线，进一步合理美化试卷。

提示：密封线是由四条 1.5 磅的圆点直线组合而成的。可将密封线中的内容放在一个无填充色无轮廓的文本框中，设置文字方向时，需要选中文字。

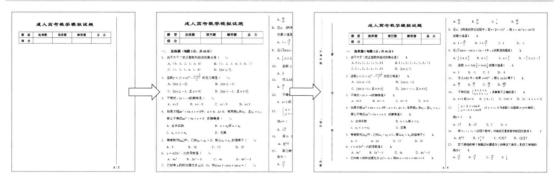

图 2-102　制作成人高考数学模拟试题的操作思路

实战演练 4 制作毕业论文写作流程图文档

 演练目标

本演练要求利用 SmartArt 图形的相关知识，制作如图 2-103 所示的流程图文档。

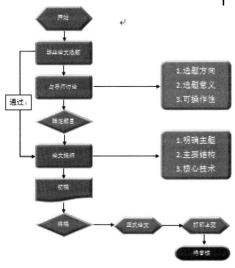

图 2-103 毕业论文写作流程图文档

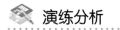 演练分析

本演练的操作思路如图 2-104 所示，具体分析及思路如下。

（1）在文档中插入垂直流程的 SmartArt 图形。

（2）添加形状，为形状添加文本，设置 SmartArt 样式。

（3）移动、更改形状，设置形状大小、SmartArt 图形大小。

（4）添加流程线（使用箭头自选图形），添加"通过"文本框。

（5）插入图片和文字，美化流程图，如图 2-104 所示。

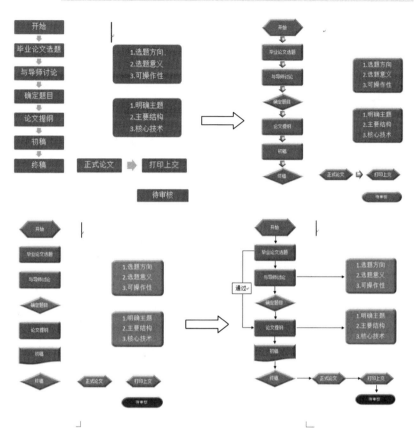

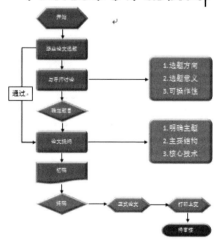

图 2-104　毕业论文写作流程图操作思路

拓展与提升

根据本模块所学内容，动手完成以下课后练习。

课后练习 1　制作招生广告文档

本练习将制作招生广告文档，需要用到文本框、图片、剪贴画、自选图形、SmartArt 和艺术字等的相关操作知识，最终效果如图 2-105 所示。

图 2-105　招生广告文档最终效果

课后练习 2　制作个人简历文档

本练习将制作个人简历文档，需要用到表格的相关操作知识，最终效果如图 2-106 所示。

图 2-106　个人简历文档最终效果

课后练习 3　制作 SmartArt 图形

本练习将制作 3 个 SmartArt 图形，需要用到 SmartArt 图形的相关操作知识，最终效果如图 2-107 所示。

（a）影视制作流程　　　　　　（b）蝴蝶成长过程　　　　　　（c）马斯洛需求层次论

图 2-107　SmartArt 图形最终效果

课后练习 4　制作"感恩父母"小报文档

本练习将制作一张小报，以"感恩父母"为主题，设置纸张大小为宽 36.4 厘米、高 25.7 厘米；纸张方向为横向；上、下、左、右页边距均为 2 厘米。版面中的边框用自选图形或表格制作，通过使用文本框或艺术字添加文本，并应用图片美化小报，最终效果如图 2-108 所示。

图 2-108　"感恩父母"小报文档最终效果

课后练习 5　制作"个人简历"文档

制作如图 2-109 所示的文档。

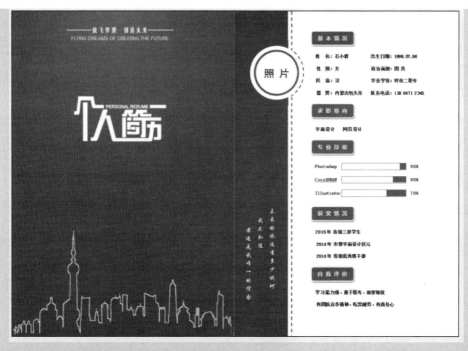

图 2-109　个人简历

课后练习 6　制作"工作证"文档

制作如图 2-110 所示的文档。

图 2-110　工作证

课后练习 7　制作"岁月百味"文档

制作如图 2-111 所示的文档。

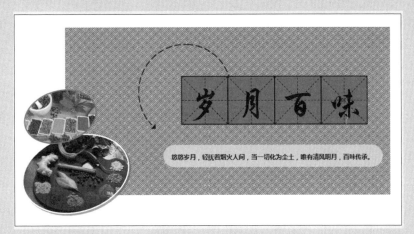

图 2-111　岁月百味

课后练习 8　制作"天猫运营思路"文档

制作如图 2-112 所示的文档。

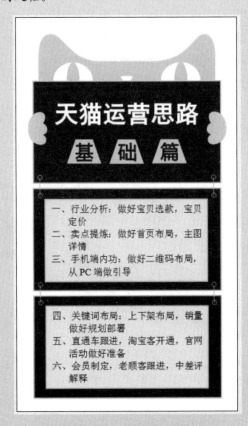

图 2-112　天猫运营思路

课后练习 9　制作"饮品单"文档

制作如图 2-113 所示的文档。

图 2-113　饮品单

课后练习 10　制作"丈量世界"文档

制作如图 2-114 所示的文档。

图 2-114　丈量世界

课后练习11　制作"大赛海报"文档

制作如图2-115所示的文档。

图2-115　大赛海报

课后练习12　制作"断舍离"文档

制作如图2-116所示的文档。

图2-116　断舍离

课后练习 13　制作"借书卡"文档

制作如图 2-117 所示的文档。

序号	借书日期		书名	书号	书价	归还日期	
	月	日				月	日
1							
2							
3							
4							
5							
6							
7							
8							
9							
10							
11							
12							
13							
14							

借书卡

桃李中学

姓名：_____

学号：_____

班级：_____

用 卡 须 知

1. 此卡只限本人使用，不得转借他人。
2. 每次只借二本图书。
3. 借期 14 天，到期未还，须办理续借手续。
4. 爱惜图书，如损坏或遗失按规定赔偿。
5. 借书、还书前请出示此卡。

书香怡人，诚借信还

图 2-117　借书卡

课后练习 14　制作"开卷有益"文档

制作如图 2-118 所示文档。

图 2-118　开卷有益

课后练习 15　制作"信封"文档

制作如图 2-119 所示文档。

图 2-119　信封

课后练习 16　制作"音乐会"文档

制作如图 2-120 所示文档。

图 2-120　音乐会

模块 3
文档排版的高级操作

内容摘要

  利用 Word 强大的文字编排功能，不仅可以制作日常办公中的各类简短文档，还可以制作特殊文档，如编排长文档、运用样式快速排版文档等，从而快速制作出实用且条理清晰的文档。本模块通过 3 个操作实例来介绍 Word 文档排版的高级操作。

学习目标

 📖 熟悉新建样式的操作。
 📖 熟练掌握利用样式编排文档的方法。
 📖 熟练掌握长文档的排版技巧。
 📖 掌握目录的制作方法。
 📖 掌握修改和批注文档的方法。
 📖 掌握插入脚注和尾注的方法。
 📖 掌握邮件合并的方法。

任务目标

本任务的目标是通过使用样式来编排一个文档，排版后的部分文档效果如图 3-1 所示。通过练习应掌握利用样式在排版文档时的操作，包括新建样式、使用内置样式排版、修改样式等操作。

图 3-1　排版后的部分文档效果

本任务的具体目标要求如下：
（1）掌握新建样式的方法。
（2）掌握运用内置样式排版的操作。
（3）掌握修改样式的方法。

专业背景

本任务在操作时需要了解排版的意义，在排版时，尽量做到版面整洁、有条理，使人一目了然。

操作思路

本任务的操作思路如图 3-2 所示，涉及的知识点有样式的新建、应用、修改等操作，具体思路及要求如下：
（1）打开素材文档，新建样式。
（2）使用 Word 内置的样式进行排版。
（3）修改样式并继续排版。

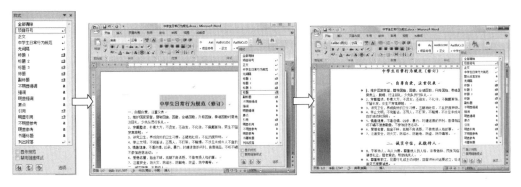

（a）新建样式　　　　　　　（b）使用内置样式　　　　　　　（c）修改样式

图 3-2　排版文档的操作思路

操作 1　新建样式

（1）打开素材文件"模块 3\素材\中学生日常行为规范"，单击"开始"选项卡"样式"选项组右下角的 按钮，再单击"新建样式"按钮 。

（2）弹出"根据格式设置创建新样式"对话框，在"名称"文本框中输入样式名称"中学生日常行为规范"，在"样式类型"下拉列表中选择"段落"选项，在"样式基准"下拉列表中选择"正文"选项，在"后续段落样式"下拉列表中选择"正文"选项，在"格式"栏中设置字体为"宋体"，字号为"小四"，如图 3-3 所示。

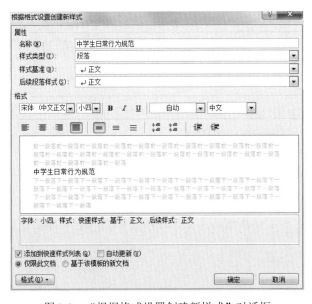

图 3-3　"根据格式设置创建新样式"对话框

（3）单击"格式"按钮，在弹出的下拉列表中选择"段落"选项，如图 3-4 所示，弹出"段落"对话框，在"缩进"栏中设置特殊格式为"首行缩进"，磅值为"2 字符"，在"间距"栏中设置行距为"1.5 倍行距"，如图 3-5 所示，单击"确定"按钮，返回"根据格式设置创建新样式"对话框。

图 3-4 "格式"下拉列表

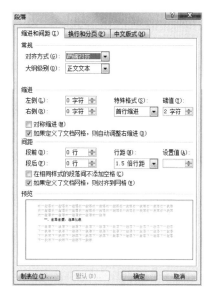

图 3-5 "段落"对话框

（4）单击"格式"按钮，在弹出的下拉列表中选择"快捷键"选项，弹出"自定义键盘"对话框，在"指定键盘顺序"栏中将光标插入"请按新快捷键"文本框中，然后按【Ctrl+1】组合键。

（5）在"将更改保存在"列表框中选择"中学生日常行为规范.docx"选项，单击左下角的"指定"按钮，如图 3-6 所示。

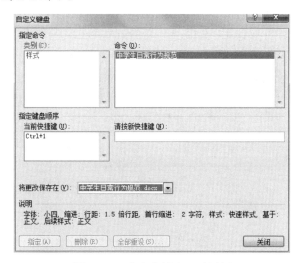

图 3-6 "自定义键盘"对话框

（6）单击"关闭"按钮，返回"根据格式设置创建新样式"对话框，单击"确定"按钮。

（7）再次单击"新建样式"按钮，弹出"根据格式设置创建新样式"对话框，在"名称"文本框中输入样式名称"项目符号"，单击"格式"按钮，在弹出的下拉列表中选择"编号"选项。

（8）弹出"编号和项目符号"对话框，选择"项目符号"选项卡，在其中选择一种项目符号，如图 3-7 所示，依次单击"确定"按钮，完成新建样式操作，新建的样式如图 3-8 所示。

图 3-7　选择项目符号　　　　　　　　　　　图 3-8　新建的样式

操作 2　使用样式排版

（1）选择要套用样式的"中学生日常行为规范（修订）"文本，选择"样式"选项组"样式"列表框中的"标题"选项，即可为选择的文本应用内置样式，如图 3-9 所示。

（2）将光标定位在需要应用样式的段落，按自定义的快捷键，这里按【Ctrl+1】组合键，将光标定位在需要应用"项目符号"的位置，选择"样式"下拉列表中的"项目符号"选项，应用新建样式后的效果如图 3-10 所示。

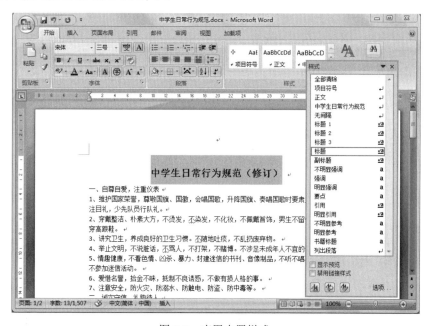

图 3-9　应用内置样式

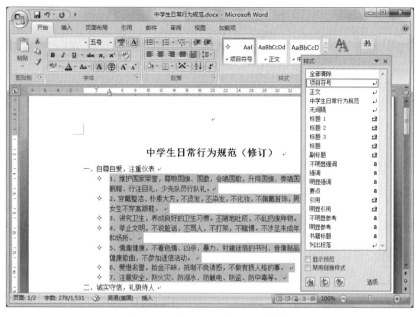

图3-10 应用新建样式后的效果

（3）在"快速样式"下拉列表框中选择"标题"选项，单击"对话框启动器"按钮，弹出"样式"对话框。单击"管理样式"按钮，弹出"管理样式"对话框。在对话框中单击"修改"按钮，弹出"修改样式"对话框。

（4）单击"格式"按钮，在弹出的下拉列表中选择"字体"选项，弹出"字体"对话框。设置中文字体为"华文楷体"，字形为"加粗"，字号为"三号"，如图3-11所示。

图3-11 字体设置

（5）依次单击"确定"按钮，返回文档中，将光标定位在需要应用样式的位置，在"样式"下拉列表框中选择"标题"选项，使用修改后的内置样式，效果如图3-12所示。

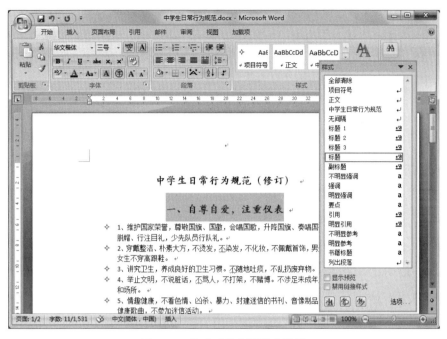

图 3-12　修改后的内置样式效果

（6）选择"项目符号"样式并右击，在弹出的快捷菜单中选择"修改"选项，弹出"修改样式"对话框，在其中设置字体为"宋体"，字号为"小四"。

（7）单击"样式"按钮，在弹出的下拉列表中选择"编号"选项，在弹出的"编号和项目符号"对话框中，选择一种项目符号，这里选择❖，单击"确定"按钮，如图 3-13 所示。

（8）指定快捷键为【Ctrl+3】，并保存在"中学生日常行为规范"文档中，依次单击"确定"按钮完成修改。返回 Word 文档中，即可看到修改后的项目符号样式，如图 3-14 所示。

图 3-13　修改后的项目符号

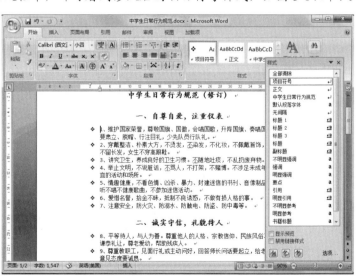

图 3-14　修改后的项目符号样式

知识延伸

本任务练习了在排版文档时通过新建并应用样式来提高排版速度的相关操作，在文档中新建样式后，不需要的样式可以删除。

在 Word 2010 中，可以在"样式"列表框中删除自定义的样式，但无法删除模板内置的样式。删除样式时，在"样式"列表框中单击需要删除的样式右侧的下拉按钮，在弹出的下拉列表中选择"删除"选项，在弹出的"确认删除"提示对话框中单击"是"按钮，即可删除样式。

若不需要某一部分文本的样式，可选中有格式的文本，在弹出的"样式"列表框中选择"清除格式"选项，将其格式清除即可。

另外，通过使用模板也可以提高排版速度，在 Word 2010 中提供了许多预先设计好的模板，用户可以利用这些模板来快速制作长文档。若模板库中没有合适的模板，也可以自行创建需要的模板。创建模板可以打开一个与需要创建模板类似的文档，然后将文档编辑或修改为需要的样式后，另存为一个模板文件，或在现有模板的基础上进行修改创建一个新的模板。模板创建好以后，可根据创建好的模板文件排版新的 Word 文档。

任务小结

通过本任务的学习，应学会利用新建的样式来快速编辑文档，还可以直接应用已有样式进行编辑，有了样式，文档就会有统一格式。在编辑文档时，可利用已有样式进行修改应用，大大提高工作效率。

任务2　查看和修订文档

任务目标

本任务的目标是运用 Word 高级排版的相关知识，对文档进行查看、快速定位、制作目录及添加批注等操作，最终效果如图 3-15 所示。通过练习应掌握利用排版文档时应用的各种相关知识。

本任务的具体目标要求如下：

（1）掌握在编排长文档时常用的技巧。

（2）掌握在文档中制作目录的方法。

（3）掌握在文档中进行修改和批注的方法。

（4）掌握插入脚注和尾注的方法。

（5）了解统计字数等操作。

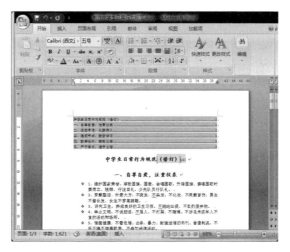

图 3-15　编排文档最终效果

专业背景

在本任务的操作中，需要了解在文档中插入批注的作用。插入批注是为了对文档中的一些文本在不修改原文本的基础上进行说明、诠释和解释的操作。批注一般用于需要提交各上级机关审阅的文档或向下属部门发出的说明性文档。

操作思路

本任务的操作思路如图 3-16 所示，涉及的知识点有编排长文档时的处理技巧、为长文档制作目录，以及插入和修改批注等操作，具体思路及要求如下。

（1）使用大纲、文档结构图和插入书签等方式查看文档。

（2）制作文档目录。

（3）在文档中插入和修改批注。

（a）大纲视图　　　　　　　（b）创建目录　　　　　　　（c）插入和修改批注

图 3-16　查看和修订文档的操作思路

操作1　**快速查看文档**

（1）打开素材文件"模块3\素材\制作中学生日常行为规范"，选中"视图"选项卡 "显示/隐藏"选项组中的"文档结构图"复选框，在 Word 文档窗口左侧弹出"文档结构图"窗格。单击左侧"文档结构图"中的内容后，文档中将显示相应的内容，如图3-17所示。

（2）单击"文档视图"选项组中的"大纲视图"按钮，在弹出的窗格中的"显示级别"下拉列表中选择显示的级别，如选择"2级"选项，如图3-18所示。

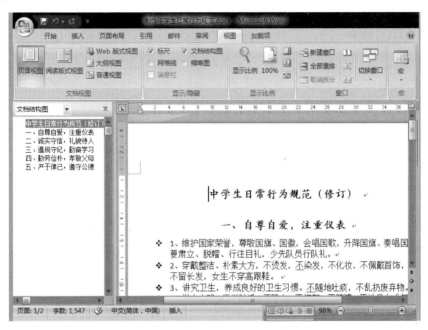

图 3-17　"文档结构图"窗格

图 3-18　在"大纲视图"中选择显示级别

（3）选择需更改的项目，单击"大纲工具"选项组中相应的按钮即可调整内容在文档中的位置或降低项目级别。

（4）选择第 27~30 条内容文本，单击"插入"选项卡"链接"选项组中的"书签"按钮。弹出"书签"对话框，在"书签名"文本框中输入自定义的书签名，如"孝敬父母"，如图 3-19 所示。

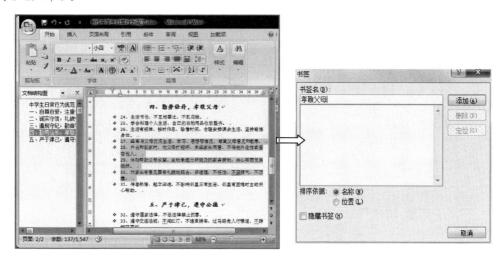

图 3-19　选择文本及"书签"对话框

（5）单击"添加"按钮，即可将书签添加到文档中。

（6）将文本插入点定位在添加了书签的文档的任意位置，单击"链接"选项组中的"书签"按钮，弹出"书签"对话框。

（7）在"书签名"文本框下方的列表框中选择需要定位的书签名称，如"孝敬父母"，单击"定位"按钮，文档将快速定位到"孝敬父母"书签所在的位置。

操作2　制作目录

（1）将文本插入点定位在文档需要插入目录的位置，单击"引用"选项卡"目录"选项组中的"目录"按钮，在弹出的下拉菜单中选择"插入目录"选项。

（2）在弹出的"目录"对话框中，可对目录页码，制表符前导符、格式和显示级别进行设置，如图 3-20 所示，单击"确定"按钮。

（3）返回 Word 文档中，可查看到添加目录的效果，按住【Ctrl】键的同时单击要查看的目录，Word 文档将自动跳转到该目录对应的文档中，插入的目录如图 3-21 所示。

操作3　插入和修改批注

（1）选择要添加批注的文本，如"（修订）"文本，单击"审阅"选项卡"批注"选项组中的"批注"按钮，在弹出的下拉菜单中选择"新建批注"选项，如图 3-22 所示。

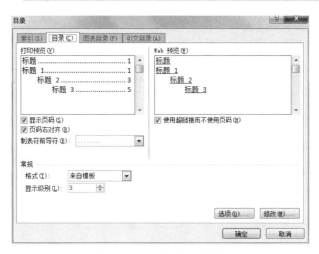

图 3-20 "目录"对话框

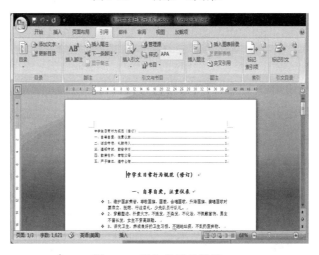

图 3-21 插入的目录效果

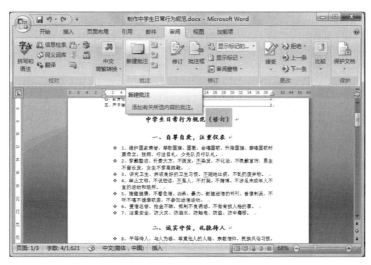

图 3-22 新建批注

（2）在文档的右侧将会弹出一个批注框，在批注框中直接输入需要进行批注的内容即可，如图 3-23 所示。将光标定位在批注框中，可对文本内容进行修改。

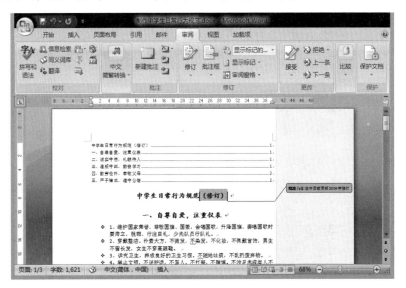

图 3-23　输入相应批注内容

（3）单击"修订"选项组中的"修订"按钮，在弹出的下拉菜单中，选择"批注框"→"以嵌入方式显示所有修订"选项，将添加的批注以嵌入方式显示，如图 3-24 所示。

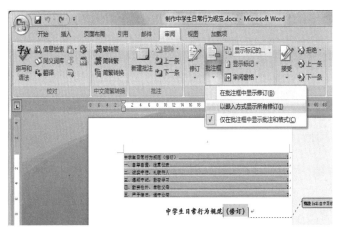

图 3-24　修改批注的显示方式

（4）设置嵌入方式后，在文档中不能看见批注文本的内容，只有当鼠标指针移至批注位置时，系统才会显示添加的批注文本的内容，如图 3-25 所示。

提示：当文档不需要批注时，可将批注删除，将光标定位在要删除的批注中，右击，在弹出的快捷菜单中选择"删除批注"选项；选择要删除的批注，单击"审阅"选项卡"批注"选项组中的"删除"按钮，在弹出的下拉菜单中选择"删除"选项。

图 3-25　以嵌入方式显示修订

 知识延伸

本任务学习了查找和修订长文档的相关知识，在制作好长文档以后，有时还要对长文档进行字数统计或检查拼写、语法等操作，下面分别进行介绍。

1. 统计文档字数

打开文档，单击"审阅"选项卡"校对"选项组中的"字数统计"按钮，在弹出的"字数统计"对话框中，可看到统计信息，如图 3-26 所示，单击"关闭"按钮，返回文档中。

图 3-26　"字数统计"对话框

2. 检查拼写和语法

打开文档，单击"审阅"选项卡"校对"选项组中的"拼写和语法"按钮，当检查到错误时，将弹出"拼写和语法：中文（中国）"对话框，此时有错误的文本将被选中，单击"取消"按钮，如图 3-27 所示，返回文档对文本进行修改，再次检查。

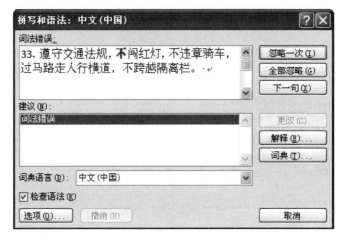

图 3-27　检查拼写和语法

3. 为文档添加脚注和尾注

当文档中需要补充说明时，可插入脚注和尾注来进行说明，脚注位于页面的底部，作为文档某处内容的注释；尾注位于文档章节的结尾，通常用于列出文档中引文的出处。

选择文档中需要设置脚注的文本，单击"引用"选项卡"脚注"选项组中的"插入脚注"按钮，在页面底端输入内容即可，如图 3-28 所示。插入尾注的方法和插入脚注的方法类似，只需单击"插入尾注"按钮即可。

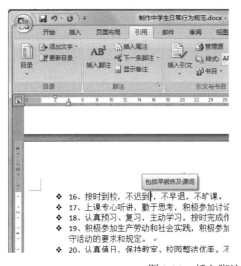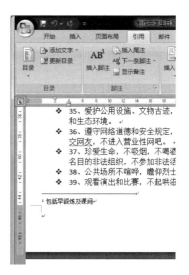

图 3-28　插入脚注及显示脚注

任务小结

通过本任务的学习，应学会为文档添加目录，并理解四种视图的不同作用；学会为文字添加批注，使文档更易读。编辑和修改长文档的方法还有很多，需要在不断的练习中发现并总结，从而使操作技能快速提升。

任务目标

本任务的目标是利用 Word 制作批量邀请函，对两个文档进行邮件合并等操作，最终效果如图 3-29 所示。通过练习应掌握邮件合并、制作信封等相关知识。

本任务的具体目标要求如下：

（1）掌握邮件合并的方法。

（2）了解制作信封的方法。

专业背景

在本任务的操作中，需要了解制作批量邀请函时的注意事项，邀请函需要做到清晰明了，美观大方。

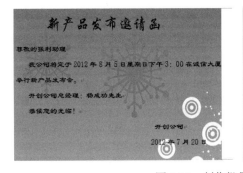

图 3-29　制作批量邀请函的最终效果

操作思路

本任务的操作思路如图 3-30 所示，涉及的知识点为两个文档的邮件合并操作等，具体思路及要求如下：

（1）制作主文档。

（2）制作数据源。

（3）邮件合并。

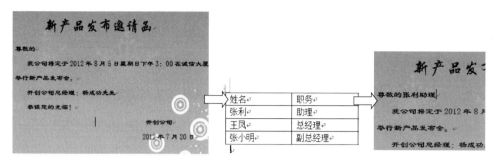

| （a）制作主文档 | （b）制作数据源 | （c）邮件合并 |

图 3-30　制作邀请函操作思路

操作1　制作主文档

（1）新建空白文档，单击"页面布局"选项卡"页面设置"选项组中的"纸张大小"按钮，在弹出的下拉列表中选择"A6 旋转"选项；"纸张方向"选择"横向"。

（2）单击"插入"选项卡"插图"选项组中的"图片"按钮，弹出"插入图片"对话框，选择"模块 3\素材\邀请函背景图.jpg"图片插入到文档中，并设置图片的环绕方式为"衬于文字下方"，如图 3-31 所示。

（3）在文档中输入相关的文本内容，并对格式进行设置，效果如图 3-32 所示。

图 3-31　插入图片后的效果

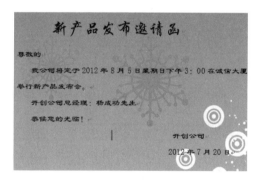

图 3-32　邀请函的效果

操作2　制作数据源

数据源可以利用 Excel 或 Word 制作，Word 文档中的数据需要以表格的形式显示，"通信录"数据源如图 3-33 所示。

姓名	职务	单位	地址	邮编
张利	助理	天和公司	和平路	010000
王凤	总经理	天和公司	和平路	010000
张小明	副总经理	天和公司	和平路	010000

图 3-33　"通信录"数据源

操作 3　邮件合并

（1）打开主文档"邀请函"，单击"邮件"选项卡"开始邮件合并"选项组中的"选择收件人"按钮，在弹出的下拉列表框中选择"使用现有列表"选项，弹出"选取数据源"对话框，如图 3-34 所示。

（2）选择数据源，单击"打开"按钮，激活"编写和插入域"选项组中的相关按钮，将光标定位在需要插入合并域的位置处，单击"邮件"选项卡中的"插入合并域"按钮，在弹出的下拉列表中选择"姓名"域，根据需要还可再插入其他合并域，如"职务"域，效果如图 3-35 所示。

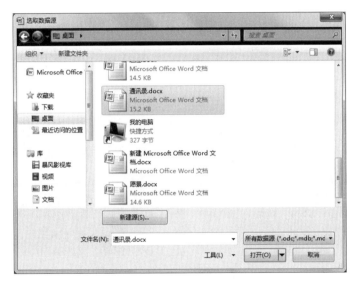

图 3-34　"选取数据源"对话框

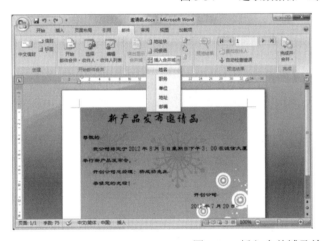

图 3-35　插入合并域及效果

（3）预览合并效果，如图 3-36 所示，如果符合要求，就可以进行合并操作，单击"完成与合并"按钮，在弹出的下拉列表中选择"编辑单个文档"选项，弹出"合并到新文档"对话框，选择"全部"单选按钮，如图 3-37 所示。

（4）单击"确定"按钮，完成数据合并操作。此时将生成一个新的文档"信函1"，用户可以对其进行保存，如图3-38所示。

图3-36　预览合并效果　　　　　　　　　　图3-37　"合并到新文档"对话框

图3-38　邮件合并后的文档效果

 **知识延伸**

本任务学习了如何制作邀请函，但在实际生活中发出邀请函时，必须有相应的信封，因此，还要了解如何制作信封，下面进行详细介绍。

1．制作普通信封

新建空白文档，单击"邮件"选项卡"创建"选项组中的"中文信封"按钮，启动"信封制作向导"，如图3-39所示。单击"下一步"按钮，按照提示依次选择信封样式，选择生成单个信封，输入收信人信息及寄信人信息，单击"完成"按钮，效果如图3-40所示。

2．制作批量信封

批量制作信封通常用于单位用户为组织某项活动而发送信函情况，在制作批量信封之前，用户需要使用Excel创建收件人列表，如图3-41所示。

批量制作信封的操作过程与制作普通信封的过程基本一致，不同之处为在"选择生成信封的方式和数量"中选择"基于地址簿，生成批量信封"选项，单击"下一步"按钮，单击"选择地址簿"按钮，弹出"打开"对话框，从中选择地址簿文件"Book1"，如图3-42所示。

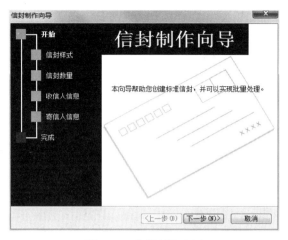

图 3-39 信封制作向导

图 3-40 生成普通信封

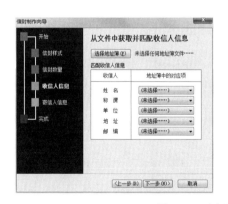

图 3-42 选择地址簿及选择收件人列表

图 3-41 收件人列表

返回"从文件中获取并匹配收信人信息"对话框，在"匹配收信人信息"列表框中，为收信人的姓名、称谓等项目选择相对应的字段，如图 3-43 所示。单击"下一步"按钮，输入寄信人信息，完成信封的制作，效果如图 3-44 所示。

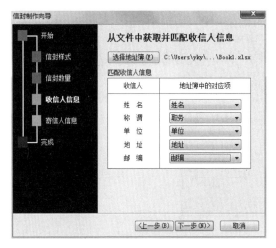

图 3-43 "匹配收信人信息"列表框

图 3-44 创建批量信封

 任务小结

通过本任务的学习,应学会制作批量信封和邀请函,在实际生活中这部分知识非常有用。在操作中要注意细节,要将数据处理好,才能达到事半功倍的效果。

实战演练 1 排版 5S 推行手册

 演练目标

本演练要求利用排版长文档的相关知识排版 5S 推行手册,其中部分文档的效果如图 3-45

所示。通过本实训应掌握排版长文档的常用技巧。

图 3-45　5S 推行手册文档的排版效果

演练分析

本演练的操作思路如图 3-46 所示，具体分析及思路如下。

（1）打开素材文件"模块 3\素材\5S 推行手册"文档，在文档中新建适用于该文档的样式。

（2）利用创建的样式快速排版文档。

（3）编辑首页文档，并在文档正文前创建目录。

　　（a）新建样式　　　　　（b）利用样式排版文档　　　　（c）创建目录

图 3-46　5S 推行手册的排版操作思路

实战演练 2　为文档添加批注和脚注

 演练目标

本演练要求利用排版文档的相关知识，为文档添加批注和脚注，最终效果如图 3-47 所示。

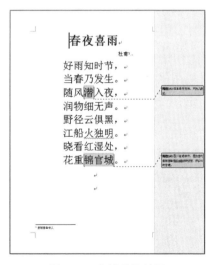

图 3-47　文档最终效果

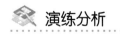 演练分析

本演练的操作思路如图 3-48 所示，具体分析及思路如下。

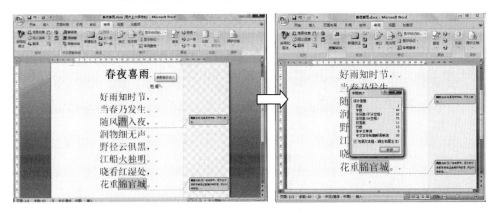

（a）排版文档并添加批注和脚注　　　　　　　　　　（b）统计字数

图 3-48　操作思路

（1）打开素材文件"模块 3\素材\春夜喜雨"，在文档中添加批注和脚注。

（2）设置文档的格式，进行排版，然后统计文档字数。

拓展与提升

根据本模块所学内容，动手完成以下实践内容。

课后练习 1　排版长文档

运用个性标题样式、列表样式、图形样式等快速排版文档的相关知识排版文档。打开素材文件"模块 3\素材\职业学校学生关于购买图书的调查报告"，进行新建样式、应用样式及修改样式等操作，完成排版操作，最终效果如图 3-49 所示。

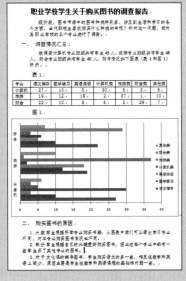

图 3-49　文档最终效果

课后练习2 制作成绩通知单

运用邮件合并的相关知识制作成绩通知单,打开素材文件"模块3\素材\成绩通知单主文档",进行邮件合并操作,完成制作内容,最终效果如图3-50所示。

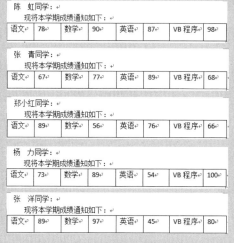

图3-50 成绩通知单最终效果

课后练习3 编辑文档——20世纪世界十大环境污染事件

运用样式的相关知识编辑文档,打开素材文件"模块3\素材\20世纪世界十大环境污染事件.docx",最终效果如图3-51所示。

图3-51 "20世纪世界十大环境污染事件"文档的最终效果

课后练习 4 编辑文档——2016 年奥运会简介

运用样式的相关知识编辑文档。打开素材文件"模块 3\素材\ 2016 年奥运会简介.docx"，最终效果如图 3-52 所示。

图 3-52 "2016 年奥运会简介"文档的最终效果

课后练习 5 为电子商务文档制作目录

运用样式、制作目录的相关知识编辑长文档。打开素材文件"模块 3\素材\电子商务.docx"，最终效果如图 3-53 所示。

图 3-53 电子商务文档的最终效果

图 3-53　电子商务文档的最终效果（续）

课后练习 6　编辑长文档——互联网

运用样式和制作目录，以及插入批注、尾注、脚注的相关知识编辑长文档。打开素材文件"模块 3\素材\互联网.docx"，部分最终效果如图 3-54 所示。

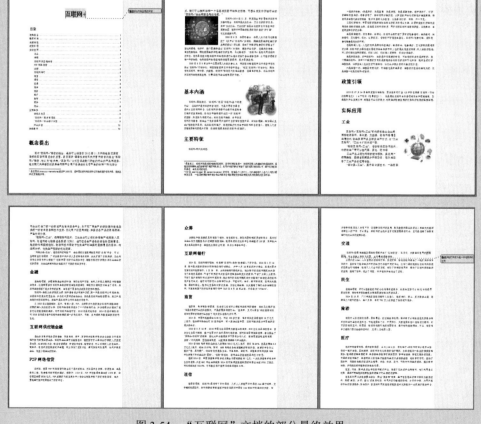

图 3-54　"互联网"文档的部分最终效果

课后练习 7　编辑文档——计算机的发展历史

运用样式、制作目录的相关知识编辑文档。打开素材文件"模块 3\素材\计算机的发展历史.docx"，最终效果如图 3-55 所示。

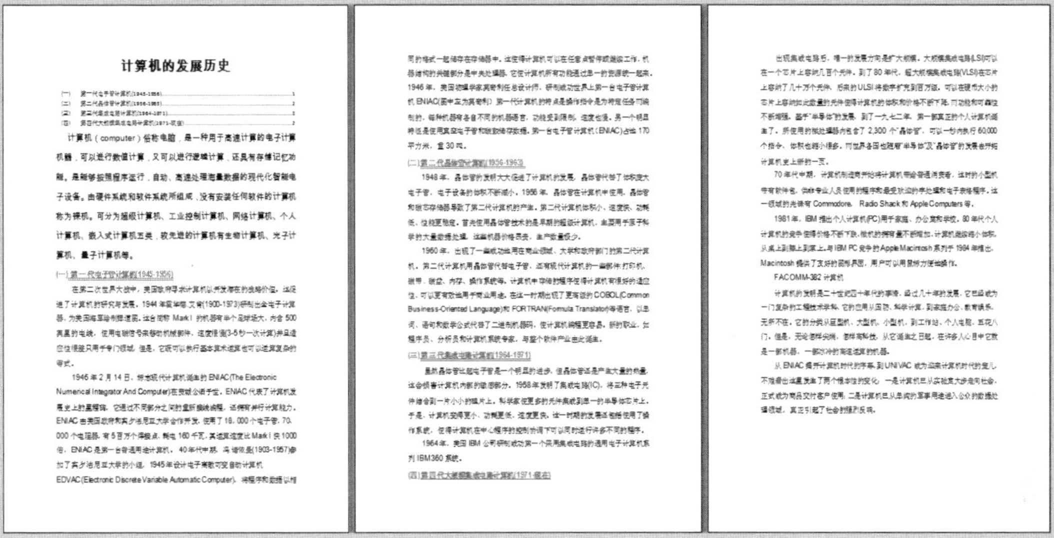

图 3-55　"计算机的发展历史"文档的最终效果

课后练习 8　编辑长文档——南极

运用样式、制作目录的相关知识编辑长文档。打开素材文件"模块 3\素材\南极.docx"，文档最终效果如图 3-56 所示。

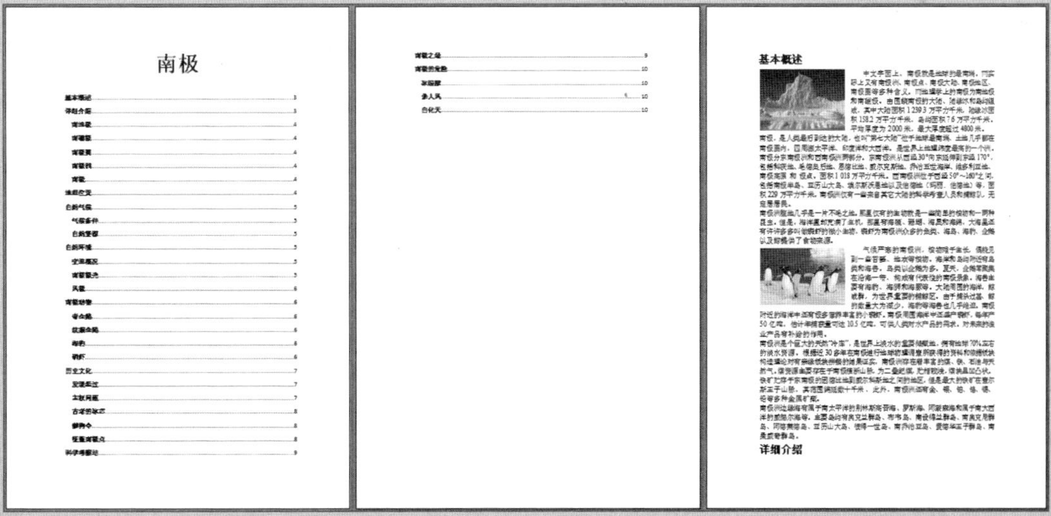

图 3-56　部分文档的最终效果

图 3-56　部分文档的最终效果（续）

课后练习 9　编辑文档——十个全覆盖

运用样式的相关知识编辑文档。打开素材文件"模块 3\素材\十个全覆盖.docx"，最终效果如图 3-57 所示。

图 3-57　文档的最终效果

课后练习 10　编辑文档——世界著名建筑

运用样式的相关知识编辑文档。打开素材文件“模块 3\素材\世界著名建筑.docx”，最终效果如图 3-58 所示。

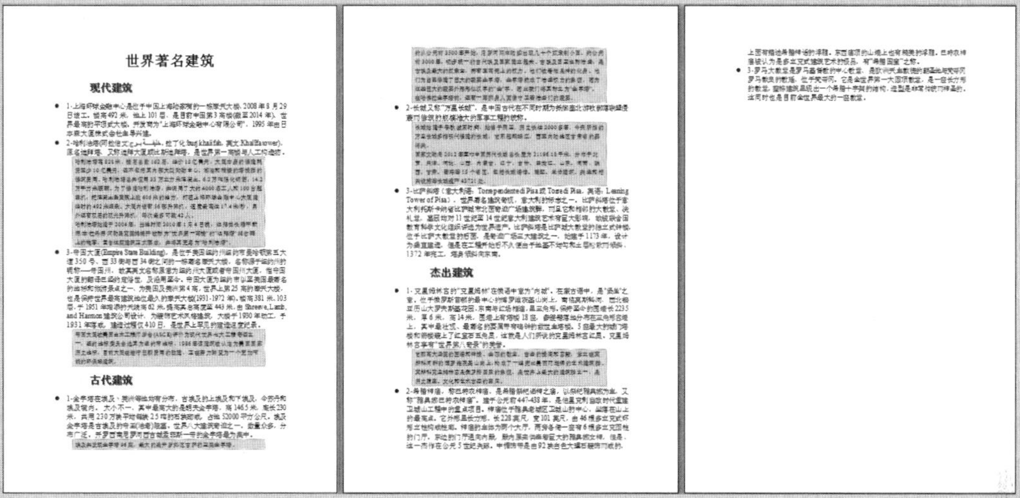
世界著名建筑
现代建筑
古代建筑
杰出建筑

图 3-58　“世界著名建筑”文档的最终效果

课后练习 11　编辑文档——数字土著

运用样式、制作目录的相关知识编辑文档，打开素材文件“模块 3\素材\数字土著.docx”，最终效果如图 3-59 所示。

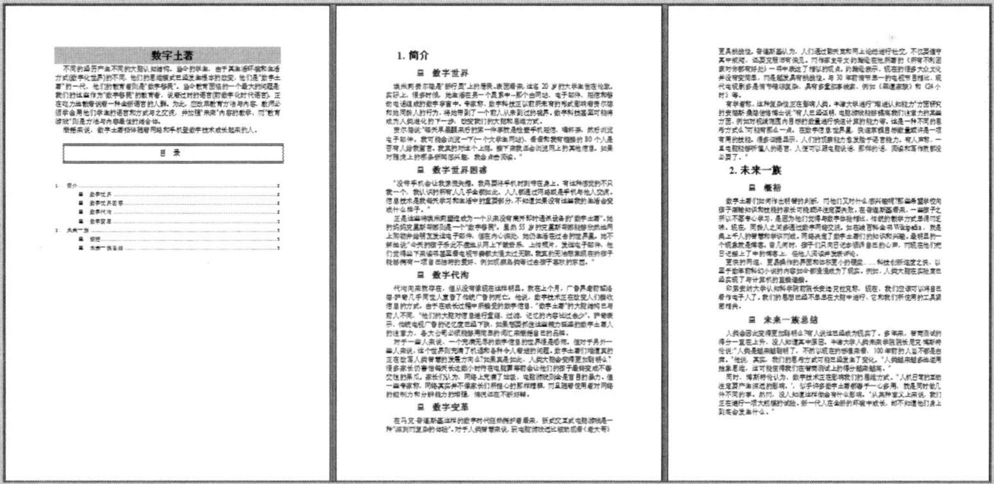
数字土著
目　录
1. 简介
数字世界
数字世界困境
数字代沟
数字变革
2. 未来一瞥
概括
未来一瞥总结

图 3-59　“数字土著”文档的最终效果

课后练习 12　为“四种气质类型”文档制作目录

运用样式的相关知识编辑长文档。打开素材文件“模块 3\素材\四种气质类型.docx”，最终效果如图 3-60 所示。

图 3-60 "四种气质类型"文档的最终效果

课后练习 13 编辑长文档——未来中国最热门的十大职业排行榜

运用样式、制作目录的相关知识编辑长文档。打开素材文件"模块 3\素材\未来中国最热门的十大职业排行榜.docx",最终效果如图 3-61 所示。

课后练习 14 编辑文档——五笔字形输入法

运用样式、制作目录的相关知识编辑文档,打开素材文件"模块 3\素材\五笔字形输入法.docx",最终效果如图 3-62 所示。

图 3-61　"未来中国最热门的十大职业排行榜"文档的部分最终效果

图 3-62　"五笔字形输入法"文档的最终效果

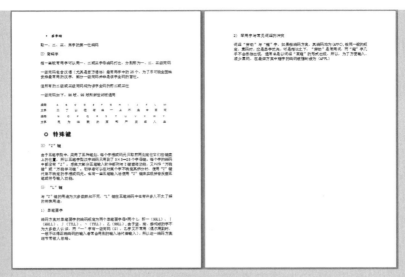

图 3-62 "五笔字形输入法"文档的最终效果（续）

课后练习 15 编辑长文档——新能源汽车

运用样式以及制作目录、插入批注和脚注的相关知识编辑长文档。打开素材文件"模块3\素材\新能源汽车.docx"，部分文档的最终效果如图 3-63 所示。

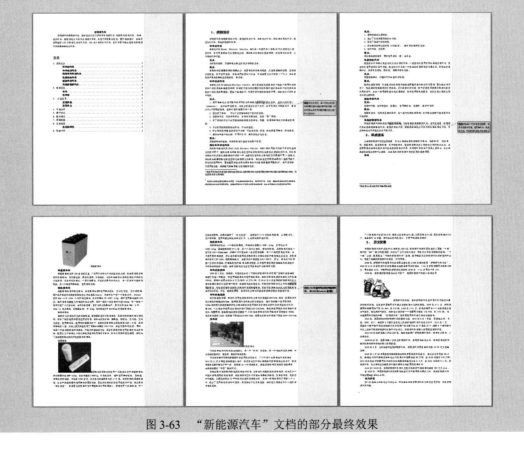

图 3-63 "新能源汽车"文档的部分最终效果

课后练习 16 编辑长文档——音乐风格

运用样式、制作目录的相关知识编辑长文档。打开素材文件"模块 3\素材\音乐风格.docx"，最终效果如图 3-64 所示。

图 3-64 "音乐风格"文档的最终效果

课后练习 17　编辑文档——中小学生安全责任书

运用插入批注、尾注、脚注的相关知识编辑文档。打开素材文件"模块 3\素材\中小学生安全责任书.docx",最终效果如图 3-65 所示。

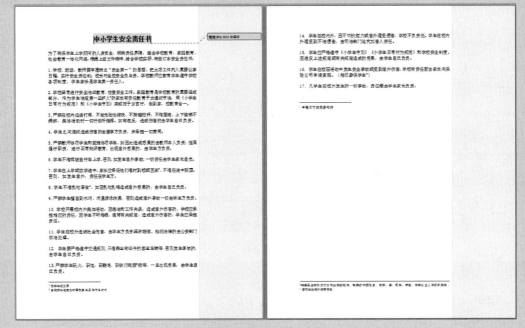

图 3-65　"中小学生安全责任书"文档的最终效果

课后练习 18　编辑文档——转基因

运用样式及插入批注、尾注、脚注的相关知识编辑文档。打开素材文件"模块 3\素材\转基因.docx",最终效果如图 3-66 所示。

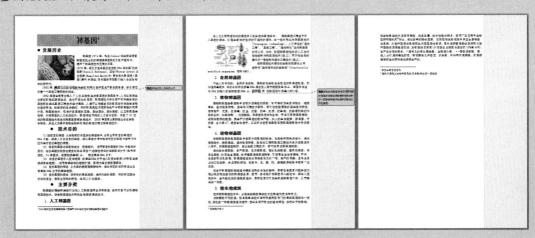

图 3-66　"转基因"文档的最终效果

课后练习 19　制作元旦庆祝活动班级邀请卡

运用邮件合并的相关操作制作元旦班级邀请卡，打开素材文件"模块 3\素材\元旦班级邀请卡原文.docx"，最终效果如图 3-67 所示。

图 3-67　邀请卡的最终效果

课后练习20 制作学生证明材料

运用邮件合并的相关操作制作学生证明材料。根据最终效果，利用已有学生基本信息表格，自己设计学生证明材料主文档，并完成邮件合并，最终效果如图3-68所示。

证明材料

兹有学生 家明 是我校 美术 专业 高一 年级 30 班的学生。情况属实。

特此证明。

证明材料

兹有学生 向红 是我校 幼师 专业 高二 年级 60 班的学生。情况属实。

特此证明。

证明材料

兹有学生 曾丽 是我校 计算机 专业 高三 年级 70 班的学生。情况属实。

特此证明。

证明材料

兹有学生 慧慧 是我校 音乐 专业 高二 年级 45 班的学生。情况属实。

特此证明。

证明材料

兹有学生 大海 是我校 美术 专业 高一 年级 30 班的学生。情况属实。

特此证明。

证明材料

兹有学生 晶晶 是我校 幼师 专业 高三 年级 55 班的学生。情况属实。

特此证明。

图3-68 最终效果

模块 4

Excel 2010 电子表格的基本操作

 内容摘要

Excel 2010 是 Office 2010 办公软件中的一个组件。利用它可以方便地对数据进行组织、分析，把表格数据用各种统计图形象地表示出来，从而提高工作效率。本模块将通过 3 个任务来介绍 Excel 2010 的基本操作，最后通过一个操作实例来介绍 Excel 2010 中各种数据的输入操作。

 学习目标

📖 掌握启动和退出 Excel 2010 的方法。

📖 熟悉 Excel 2010 的工作界面。

📖 掌握 Excel 文档的打开、新建和保存等基本操作。

📖 掌握 Excel 2010 保护工作表和工作簿等操作。

📖 培养数据计算、分析能力，以及实践操作能力。

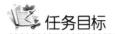

本任务的目标是对 Excel 2010 的工作界面进行初步的认识，通过练习对 Excel 2010 有一定的了解。

本任务的具体目标要求如下：

（1）掌握 Excel 2010 窗口组成的基本知识。

（2）掌握 Excel 2010 的工作簿、工作表和单元格的基本知识。

操作1 　启动和退出 Excel 2010

（1）执行以下任意一种操作可启动 Excel 2010。

◆ 选择"开始"→"所有程序"→"Microsoft Office"→"Microsoft Office Excel 2010"选项。启动完成后的工作窗口如图 4-1 所示。

◆ 双击桌面上的快捷图标 。

◆ 双击保存在计算机中的 Excel 格式文档（扩展名为 .xlsx 或 .xls 的文档）。

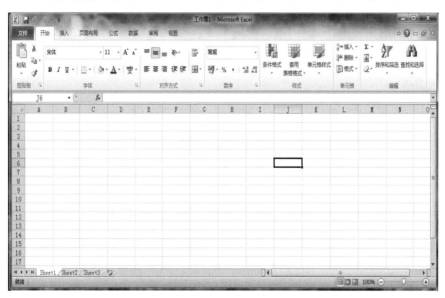

图 4-1　Excel 2010 工作窗口

（2）执行以下任意一种操作可退出 Excel 2010。

◆ 单击标题栏上的关闭按钮 。

◆ 单击最左上角的"Office"按钮 ，选择"关闭"选项或单击"文件"选项卡中的 退出按钮。

◆　在标题栏空白处右击，在弹出的快捷菜单中选择"关闭"选项。

◆　在工作界面中按【Alt+F4】组合键。

操作2　认识 Excel 2010 的工作界面

Excel 2010 的工作界面与 Word 2010 的界面一样，同样有快速访问工具栏、标题栏、选项卡和功能区、编辑区、状态栏和视图栏等部分。除此之外，Excel 2010 还增加了其特有的工作表标签、列标、行号和数据编辑栏。Excel 2010 的工作界面如图 4-2 所示，Excel 2010 工作界面的编辑区由单元格组成，视图栏中的视图按钮组也发生了相应的变化。

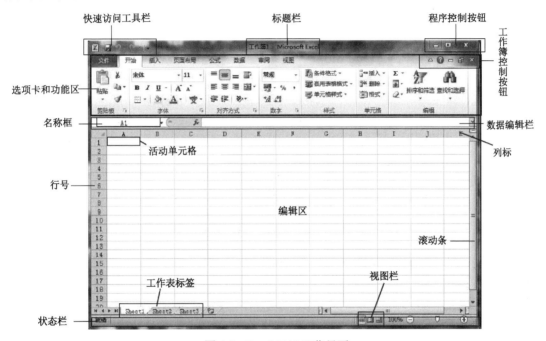

图 4-2　Excel 2010 工作界面

Excel 工作界面中新增的各组成部分的作用介绍如下。

◆　**行号和列标**：分别位于编辑区的左侧和上侧，行号和列标组合起来可表示一个单元格地址，起到了坐标的作用。

◆　**单元格**：位于编辑区中，是组成 Excel 表格的基本单位，也是存储数据的最小单元。表格中数据的操作都是在单元格中进行的。在制作表格时，无数个单元格组合在一起就是一个工作表。

◆　**数据编辑栏**：位于功能区的下方，由名称框、工具框和编辑框 3 部的组成。名称框显示当前选中的单元格的名称；单击工具框中的 ✗ 按钮或 ✓ 按钮可取消或确定编辑，单击 *fx* 按钮可在弹出的"插入函数"对话框中选择要输入的函数；编辑框用来显示单元格中输入或编辑的内容。

◆　**工作表标签**：位于编辑区的下方，包括"工作表标签滚动显示"按钮 ⊨ ◂ ▸ ⊨ 、工作表标签Sheet1 Sheet2 Sheet3 和"插入工作表"按钮。单击"工作表标签滚动显示"按钮可选择需要显示的工作表；单击工作表标签可以切换到相应的工作表；单击"插入工作表"按钮可为工作簿添加新的工作表。

操作3　　认识工作簿、工作表和单元格

工作簿、工作表和单元格是构成 Excel 电子表格的基本元素，也是对数据进行操作的主要对象，下面分别进行介绍。

◆ 工作簿：Excel 文件，新建工作簿在默认情况下命名为"工作簿1"，在标题栏文件名处显示，之后新建的工作簿将以"工作簿 2""工作簿 3"依次命名；默认情况下，一个工作簿由 3 张工作表组成，分别以"Sheet1""Sheet2""Sheet3"命名。

◆ 工作表：工作簿的组成单位，每张工作表以工作表标签的形式显示在工作表编辑区底部，方便用户进行切换。工作表是 Excel 的工作平台，主要用来处理和存储数据；默认情况下，工作表标签以"Sheet+阿拉伯数字序号"命名，也可根据需要重命名工作表标签。

◆ 单元格：由行和列交叉组成，是 Excel 编辑数据的最小单位。单元格用"列标+行号"的方式来标记，如单元格名称为 B5，即表示该单元格位于 B 列 5 行，也可根据需要更改单元格的名称。一张工作表最多可由 65536（行）×256（列）个单元格组成，且当前活动工作表中始终会有一个单元格处于激活状态，并以粗黑边框显示，单击单元格可选择该单元格，在其中可执行输入并编辑数据等操作。

在 Excel 2010 中，每张工作表都是处理数据的场所，而单元格则是工作表中最基本的存储和处理数据的单元。因此，工作簿、工作表和单元格三者是包含与被包含的关系：工作簿>工作表>单元格。

知识延伸

本任务介绍了关于 Excel 2010 的基础知识，包括 Excel 2010 的工作界面，工作簿、工作表、单元格及三者之间的关系。

另外，对 Excel 2010 工作界面还可以进行以下设置，以提高工作效率。

1. 设置启动时自动打开日程安排表和备忘记录表

为了方便在使用 Excel 2010 时的查阅需要，可以设置在每次启动 Excel 2010 的同时自动打开日程安排表和备忘记录表等，具体方法如下。

（1）启动 Excel 2010，单击"文件"选项卡中的 选项 按钮，弹出"Excel 选项"对话框。

（2）选择"高级"选项卡，在"常规"选项组中的"启动时打开此目录中的所有文件"文本框中输入需要打开文件的路径，如图 4-3 所示。

（3）单击"确定"按钮，退出 Excel 2010，这样每次启动 Excel 2010 时，都将自动打开已输入路径下的所有表格。

图 4-3 设置启动时自动打开表格

2. 快速缩放工作表

结合鼠标与键盘操作在 Excel 窗口中缩放工作表可以提高工作效率，具体方法如下。

（1）按住【Ctrl】键的同时，滚动鼠标滑轮可缩放工作表。

（2）在"Excel 选项"对话框中，选中"高级"选项卡"编辑选项"选项组中的"用智能鼠标缩放"复选框，如图 4-4 所示，单击"确定"按钮，即可通过直接滑动鼠标滑轮缩放工作表。

图 4-4 设置快速缩放工作表

任务小结

通过本任务的学习对 Excel 2010 的操作环境有了初步的认识，对 Excel 2010 的界面和基本概念有了一定的了解。

任务目标

本任务的目标是了解工作簿与工作表的基本操作。通过练习掌握对工作簿和工作表的基本操作方法，包括工作簿的新建、保存、打开和关闭，以及选择、新建、复制、移动和删除工作表。

本任务的具体目标如下：

（1）掌握新建、保存、打开和关闭工作簿的操作。

（2）掌握选择、新建、复制、移动和删除工作表的操作。

（3）了解保护工作簿和工作表的方法。

操作1　　新建工作簿

在使用 Excel 2010 制作电子表格前，首先需要新建一个工作簿。启动 Excel 2010 后，系统将自动新建一个名为"工作簿 1"的空白工作簿以供使用，也可以根据需要新建其他类型的工作簿，如根据模板新建带有格式和内容的工作簿，以提高工作效率，下面将分别进行介绍。

1．新建空白工作簿

（1）启动 Excel 2010，单击"文件"选项卡中的"新建"按钮。

（2）在中间窗格的"主页"选项组中，选择"空白工作簿"选项，如图 4-5 所示，在右侧窗格中单击"创建"按钮。

（3）返回 Excel 2010，即可看到一个名为"工作簿 2"的新建的空白工作簿，如图 4-6 所示。

> **提示**：按【Ctrl+N】组合键可快速新建空白工作簿，或在空白位置右击，在弹出的快捷菜单中选择"新建"→"Microsoft Office Excel 2010 工作表"选项也可新建空白工作簿。

图 4-5 "新建"工作簿对话框

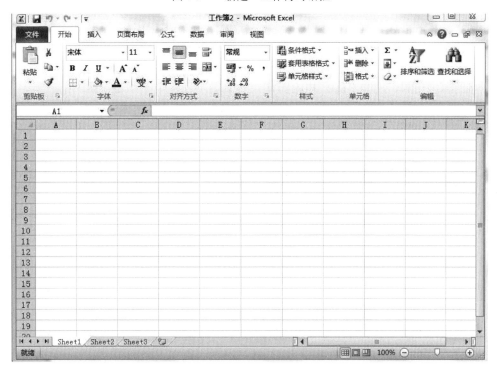

图 4-6 新建的空白工作簿

2．根据模板新建工作簿

（1）启动 Excel 2010，单击"文件"选项卡中的"新建"按钮。

（2）在中间窗格中选择"样本模板"选项，在列表框中选择"个人月预算"选项，如图 4-7 所示，在右侧窗格中单击"创建"按钮。

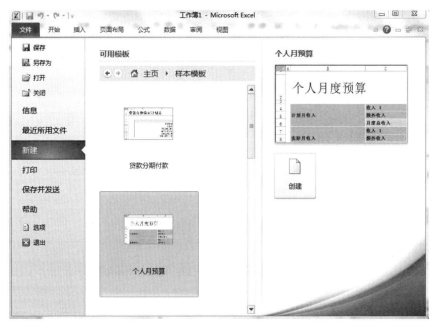

图 4-7　选择模板

（3）在 Excel 2010 中即可新建一个名为"个人月预算 1"的工作簿，在工作表中已经设置好单元格的各种格式，用户直接在相应的单元格中输入数据即可，如图 4-8 所示。

提示： 如果计算机连接了 Internet ，在图 4-5 的中间窗格的"Office.com 模板"中，如选择"预算"选项，将自动从 Internet 上搜索预算模板，选择需要的模板后，在右侧窗格单击"下载"按钮即可。

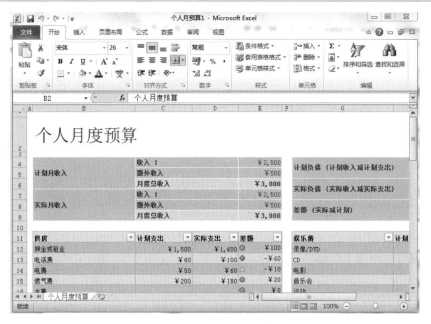

图 4-8　"个人月预算"模板工作簿

操作 2 保存工作簿

对 Excel 工作簿进行编辑后，需将其保存在计算机中，否则工作簿的内容将会丢失。保存工作簿有 3 种方式，即保存新建的工作簿、将现有的工作簿另存为其他工作簿和设置自动保存，下面分别进行介绍。

1. 保存新建的工作簿

保存新建的工作簿有以下几种方法：

◆ 在当前工作簿中单击快速访问工具栏中的"保存"按钮 。

◆ 在当前工作簿中按【Ctrl+S】组合键。

◆ 在当前工作簿中单击"文件"选项卡中的"保存"按钮。

执行以上任意一种操作都将弹出"另存为"对话框，在"保存位置"下拉列表中选择工作簿的保存位置，在"文件名"下拉列表中输入需要保存工作簿的名称，在"保存类型"下拉列表中选择文件的保存类型，单击"保存"按钮，即可将新建的工作簿保存在计算机中。

2. 将现在有的工作簿另存为其他工作簿

（1）打开现有的工作簿，单击"文件"选项卡中的"另存为"按钮。

（2）在弹出的"另存为"对话框中设置保存位置、文件类型和文件名，如图 4-9 所示，单击"保存"按钮即可。

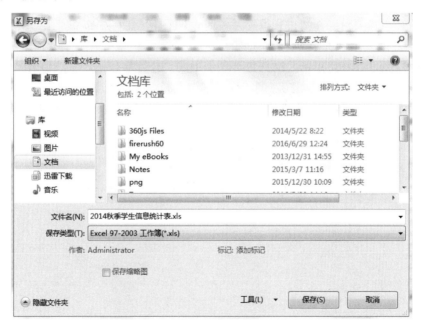

图 4-9 "另存为"对话框

3．设置自动保存

（1）单击"文件"选项卡中的"选项"按钮，弹出"Excel 选项"对话框。

（2）在左侧的列表框中选择"保存"选项。

（3）在右侧的"保存工作簿"栏中选中"保存自动恢复信息时间间隔"复选框，在其后的数值框中输入每次进行自动保存的时间间隔，这里输入"5"，如图 4-10 所示，单击"确定"按钮即可。

图 4-10　"Excel 选项"对话框

操作 3　打开和关闭工作簿

　　若要对计算机中已有的工作簿进行修改或编辑，必须先将其打开，然后才能进行其他操作，操作完成后也需要对工作簿进行保存并关闭。下面打开保存在 D 盘"工作文稿"中的"课程表"文档，然后关闭该工作簿。

（1）启动 Excel 2010，单击"文件"选项卡中的"打开"按钮。

（2）弹出"打开"对话框，在左侧的列表框中选择"本地磁盘（D:）"。

（3）在中间的列表框中双击并打开"工作文稿"文件夹，选择"课程表.xlsx"文件，如图 4-11 所示。

图 4-11　"打开"对话框

（4）单击"打开"按钮，即可打开该工作簿，如图 4-12 所示。

图 4-12　打开的工作簿

（5）执行以下任意一种操作，都可关闭打开的工作簿。

◆ 单击"文件"选项卡中的"退出"按钮。

◆ 按【Alt+F4】组合键。

◆ 单击标题栏右侧的"关闭"按钮　　　。

◆ 右击标题栏空白处，在弹出的快捷菜单中选择"关闭"选项。

◆ 单击选项卡右侧的"关闭"按钮　。

提示： 在关闭未保存的工作簿时，系统将弹出"是否进行保存"提示对话框，如果要保存则可单击"是"按钮，不保存单击"否"按钮，不关闭工作簿时可单击"取消"按钮。

在单击选项卡右侧的"关闭"按钮时，只关闭当前使用的工作簿。

操作 4　选择、新建与重命名工作表

1．选择工作表

在 Excel 中，无论对工作表做何种操作，都必须先选择工作表，选择工作表主要有以下几种情况。

◆ 选择单张工作表：在"工作表标签"上单击需要的工作表标签，即可选择该工作表，选中的工作表标签呈白底显示。若工作簿中的工作表没有完全显示，可单击"工作表标签"中的 ◀ 或 ▶ 按钮滚动显示工作表，将需要选择的工作表标签显示出来再进行选择即可。

◆ 选择连续的工作表：选择一张工作表后，按住【Shift】键的同时，选择其他工作表，即可同时选择多张连续的工作表。当选择两张以上的工作表后，在标题名称后会出

现"工作组"字样，表示选择了两张或两张以上的工作表，如图 4-13 所示。

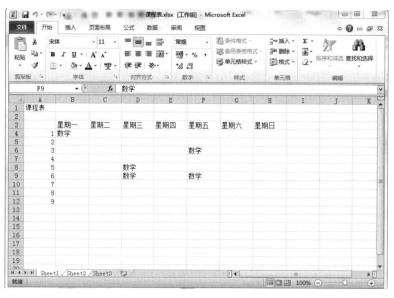

图 4-13　选择连续的工作表

◆ 选择不连续的工作表：选择一张工作表后，按住【Ctrl】键的同时，依次单击其他工作表标签，即可选择多张不连续的工作表，被选择的工作表标签呈高亮度显示。

◆ 选择全部工作表：在任意一张工作表的标签上右击，在弹出的快捷菜单中选择"选定全部工作表"选项即可，如图 4-14 所示。

图 4-14　选定全部工作表

提示： 取消"工作组"状态的方法有两种：一种是只选择了工作簿中的一部分工作表，此时只须单击任意一张没有被选择的工作表的标签即可；另一种是所有的工作表都处于选中状态，此时单击除当前工作表以外的任意一张工作表标签即可。

2. 新建工作表

（1）启动 Excel 2010，新建一个空白工作簿，单击工作表标签后的"插入"按钮，即可在工作表的末尾插入新工作表。

（2）右击"Sheet1"工作表标签，在弹出的快捷菜单中选择"插入…"选项，弹出"插入"对话框。在"常用"选项卡的列表框中选择"工作表"选项，单击"确定"按钮，如图 4-15 所示，即可在"Sheet1"工作表前插入一个名为"Sheet4"的新工作表。

图 4-15　插入空白工作表

（3）选择"Sheet4"工作表，单击"开始"选项卡的"单元格"选项组中"插入"右侧的下拉按钮 插入 ，在弹出的下拉列表中选择"插入工作表"选项，如图 4-16 所示，即可在"Sheet4"工作表前插入名为"Sheet5"的新工作表。

图 4-16　选择"插入工作表"选项

（4）右击"Sheet1"工作表标签，在弹出的快捷菜单中选择"插入"选项。在弹出的"插入"对话框中选择"电子表格方案"选项卡，选择"考勤卡"选项，如图 4-17 所示，单击"确认"按钮，即可在"Sheet1"工作表前插入"考勤卡"电子表格，如图 4-18 所示。

提示：电子表格方案即已做好的表格模板，如常用的专业办公和财务工作表等，表格的样式、表头内容和必要的表格数据都已做好，插入该模板后，只需要在相应的位置输入或修改相应的数据，即可快速制作出所需的表格，从而提高工作效率。

图 4-17   "电子表格方案"选项卡

图 4-18   插入"考勤卡"电子表格

3．重命名工作表

（1）启动 Excel 2010，新建一个空白工作簿，右击"Sheet1"工作表标签，在弹出的快捷菜单中选择"重命名"选项，如图 4-19 所示。

（2）此时，"Sheet1"工作表标签呈可编辑状态，直接输入"一月销售表"，然后按【Enter】键即可完成重命名操作。

（3）用同样的方法将"Sheet2"和"Sheet3"工作表重命名为"二月销售表"和"三月销售表"，重命名的工作表如图 4-20 所示。

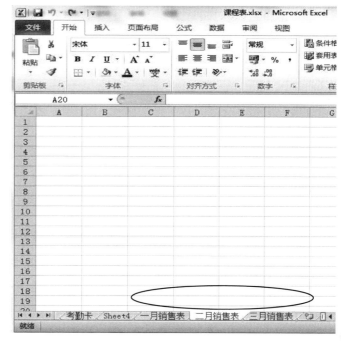

图 4-19　选择"重命名"选项　　　　　图 4-20　重命名的工作表

操作 5　复制、移动和删除工作表

1. 复制工作表

打开"课程表"文件，把"Sheet1"工作表重命名为"课程表"，执行以下任意一种操作可复制"课程表"工作表。

◆ 选择"课程表"工作表，按住【Ctrl】键的同时按住鼠标左键不放，当光标变为白纸上有加号的形状时，拖动标记到目标工作表标签之后释放鼠标左键，即可将其复制到目标位置。

◆ 选择"课程表"工作表并右击，在弹出的快捷菜单中选择"移动或复制…"选项，弹出"移动或复制工作表"对话框，选择复制工作表的目标位置，并选中"建立副本"复选框，如图 4-21 所示，单击"确定"按钮即可。

2. 移动工作表

执行以下任意一种操作，将"课程表（2）"工作表移动到"Sheet2"工作表标签后面。

◆ 选择"课程表（2）"工作表，按住鼠标左键不放，当鼠标光标变为白纸形状时，在工作表标签上将出现一个标记，将标记拖动至"Sheet2"工作表标签后释放鼠标左键即可。

◆ 选择"课程表（2）"工作表，右击，在弹出的快捷菜单中选择"移动或复制…"选项，弹出"移动或复制工作表"对话框，选择移动工作表的目标位置，单击"确认"按钮即可，移动工作表后的效果如图 4-22 所示。

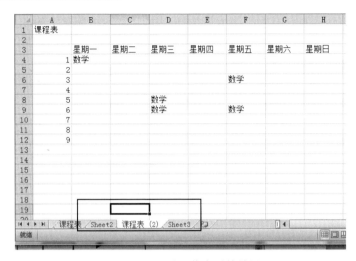

图 4-21　"移动或复制工作表"对话框　　　　图 4-22　移动工作表后的效果

3. 删除工作表

选择"Sheet2"工作表，单击"开始"选项卡"单元格"选项组中"删除"右侧的下拉按钮，在弹出的下拉列表中选择"删除工作表"选项即可。

◆　右击"Sheet3"工作表标签，在弹出的快捷菜单中选择"删除"选项即可删除"Sheet3"工作表。

提示：若需要删除的工作表已编辑数据，在删除该工作表时将弹出"提示"对话框，单击"删除"按钮，确认删除即可。

操作 6　保护工作表与工作簿

1. 保护工作表

（1）打开"课程表"文件，右击"课程表"工作表标签，在弹出的快捷菜单中选择"保护工作表"选项，弹出"保护工作表"对话框。

（2）在"取消工作表保护时使用的密码"文本框中输入保护时的密码，这里输入"123"，如图 4-23 所示。

（3）单击"确定"按钮，在弹出的"确认密码"对话框的"重新输入密码"文本框中输入设置的密码"123"，如图 4-24 所示，单击"确定"按钮即可完成保护工作表的设置。

2. 保护工作簿

（1）打开"课程表"文件，单击"审阅"选项卡"更改"选项组中的"保护工作簿"按钮，弹出"保护结构和窗口"对话框。

（2）在弹出的"保护结构和窗口"对话框的"保护工作簿"选项组中选中"结构"复选框，在"密码（可选）"文本框中输入密码，如图 4-25 所示，单击"确定"按钮。

图 4-23 "保护工作表"对话框

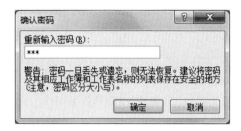

图 4-24 "确认密码"对话框

（3）在弹出的"确认密码"对话框的"重新输入密码"文本框中再次输入前面设置的密码，如图 4-26 所示，单击"确定"按钮，完成对工作簿的保护操作。

图 4-25 "保护结构和窗口"对话框

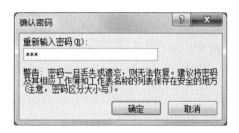

图 4-26 重新输入密码

 **知识延伸**

本任务练习了对 Excel 电子表格的基本操作，包括新建、保存、打开和关闭工作簿，选择、新建、重命名、复制、移动和删除工作表，以及保护工作簿与工作表等。

在保护工作表时，还可以使用隐藏工作表的方法将工作表隐藏。隐藏工作表后，不能对工作表进行操作，同时可以避免他人查看。若需要查看被隐藏的工作簿，可将其显示出来，下面介绍具体操作方法。

（1）打开"课程表"电子表格，右击"课程表"工作表标签，在弹出的快捷菜单中选择"隐藏"选项。

（2）隐藏后工作簿中将只显示两张工作表，如图 4-27 所示，右击任意工作表标签，在弹出的快捷菜单中选择"取消隐藏"选项。

（3）弹出"取消隐藏"对话框，在对话框的"取消隐藏工作表"列表框中选择"课程表"选项，如图 4-28 所示，然后单击"确定"按钮即可显示隐藏的工作表。

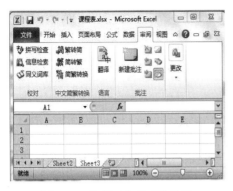

图 4-27　隐藏工作表后的效果　　　　　图 4-28　"取消隐藏"对话框

 任务小结

通过对本任务的学习应该掌握对工作簿、工作表的选择、新建、复制、移动和删除等基本操作。

任务目标

本任务的目标是利用 Excel 2010 制作学生档案电子表格，如图 4-29 所示。通过练习掌握在表格中输入数据的方法，如文本、数字、日期和特殊数字的输入。

图 4-29　学生档案电子表格

本任务的具体目标要求如下：

（1）掌握输入文本数据的方法。

（2）掌握输入数字和日期等数据的方法。

（3）掌握输入特殊数字数据的方法。

专业背景

本任务的操作中需要了解学生档案电子表格的作用和内容，学生档案电子表格一般是对学生的基本情况进行了解后所制作的表格，包括学生的基本信息、所属年级班级、身份证号码和联系电话等内容，制作时对照相关资料进行填写。

操作思路

本任务的操作思路如图 4-30 所示，涉及的知识点有文本数据的输入、普通数字数据的输入和特殊数字数据的输入等，具体操作及要求如下：

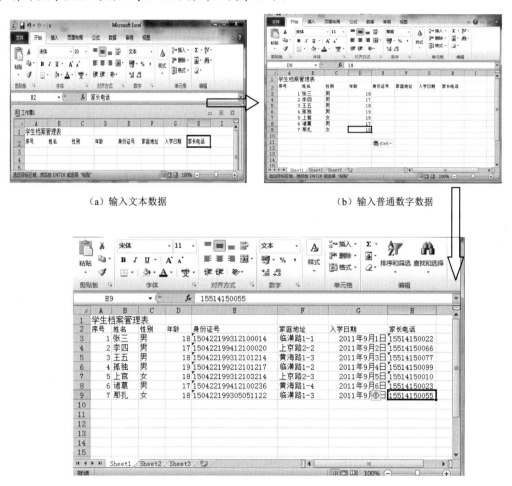

（a）输入文本数据　　　　　　　　　　（b）输入普通数字数据

（c）输入特殊数字数据

图 4-30　制作学生档案电子表格操作思路

（1）在表格中输入文本数据。

（2）在相应位置输入普通数字数据。

（3）在表格中输入特殊数字数据。

操作1 输入文本数据

（1）启动 Excel 2010，系统将自动新建工作簿，并命名为"工作簿1"。

（2）单击 A1 单元格，在数据输入框中输入"学生档案管理表"，如图 4-31 所示。

（3）按【Enter】键确认输入的内容，同时自动向下激活 A2 单元格，输入文本"序号"。

（4）按【Tab】键确认输入的内容，同时自动向右激活 B2 单元格，双击该单元格，输入"姓名"，并调整单元格宽度到合适的大小。

（5）利用相同的方法，在表格中输入其他文本数据，效果如图 4-32 所示。

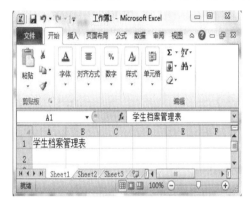

图 4-31　输入文本数据　　　　　　　图 4-32　完成文本数据输入效果

操作2 输入数字数据

（1）选择 D3 单元格，将文本插入点定位在数据输入框中，输入数字"18"，如图 4-33 所示。

图 4-33　输入数字数据

（2）按【Enter】键确认输入内容，利用相同的方法在表格中输入其他数字数据，效果如图 4-34 所示。

图 4-34　完成数字数据输入效果

操作 3　**输入特殊数字数据**

数值数据位数超过 11 位时，会用科学记数法来记数。如直接输入一身份证号时显示的是 $1.50102E+17$ ，所以为了正确显示身份证号，需要如下设置。

（1）将光标移动到 E 列上方，当光标为"↓"形状时，单击选中"身份证号"所在的列。

（2）单击"单元格"选项组中的"格式"按钮，在弹出的下拉列表中选择"设置单元格格式"选项，弹出"设置单元格格式"对话框，选择"数字"选项卡。

（3）在"分类"列表框中选择"文本"选项，如图 4-35 所示。

（4）单击"确定"按钮，返回工作表，在其中输入学生的身份证号码即可，效果如图 4-36 所示。

图 4-35　"设置单元格格式"对话框

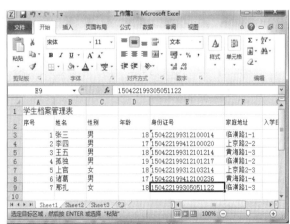

图 4-36　输入特殊数字数据效果

提示：将鼠标移动到 E 列和 F 列中间，当光标为"十"字箭头形状时，按住鼠标左键向右拖动鼠标，移动到合适的位置，释放鼠标，可调整单元格的宽度。

（5）选择"入学日期"所在的 G 列，右击，在弹出的快捷菜单中选择"设置单元格格式"选项，弹出"设置单元格格式"对话框，选择"数字"选项卡。

（6）在"分类"列表框中选择"日期"选项，在右侧的"类型"列表框中选择一种日期类型，这里选择"*2001 年 3 月 14 日"，如图 4-37 所示。

（7）单击"确定"按钮，返回 Excel 电子表格，输入"2011-9-1"，单元格中即显示为"2011年 9 月 1 日"样式，用相同方法输入其他日期，效果如图 4-38 所示。

（8）在"家长电话"列中输入电话号码即可完成电子表格的制作（文本格式输入）。

（9）单击"文件"选项卡中的"另存为"按钮，将文件保存为"学生档案"文件。

图 4-37 设置日期格式　　　　　　图 4-38 输入日期

知识延伸

本任务练习了在 Excel 电子表格中输入各种数据的方法，包括输入文本数据、输入数字数据和输入特殊数字数据，用户可利用本任务的操作结合数据的输入，制作其他电子表格。

1. 快速填充表格

在 Excel 中输入数据时，有时需要输入一些相同或有规律的数据，如学校名称或编号等，这时就可使用 Excel 中提供的快速填充功能，以提高工作效率，下面介绍常用的两种方法。

（1）通过控制柄填充数据。这种方法主要针对需要在**连续的单元格区域**中输入内容的情况。

◆ 在起始单元格中输入数据，将光标移至单元格边框右下角，当光标变成十形状时按住鼠标左键不放并拖动至所需位置，释放鼠标左键即可在所选单元格区域中填充相同的数据。

◆ 在两个单元格中输入数据，然后按【Shift】键选择这两个单元格，当光标变为十形状时，向下拖动即可填充有规律的数据，或输入数据后拖动光标到目标位置，此时在单元格边框弹出"自动填充选项"按钮，单击右侧的下拉按钮，在弹出的下拉列表中选择"填充序列"选项，即可在选择的区域中填充有规律的数据。

（2）通过"序列"对话框填充数据。这种方法一般用于快速填充等差、等比和日期等特殊的数据。在单元格中输入数据并选中单元格，单击"开始"选项卡"编辑"选项组中的 按钮，在弹出的下拉列表中选择"系列"选项，弹出"序列"对话框，选中"列"和"等比序列"单选按钮，在数值框中分别输入"2"和"100"，如图4-39所示，单击"确定"按钮，即可在表格中填充等比序列的数据，如图4-40所示。

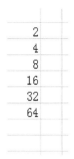

图4-39　"序列"对话框　　　　　图4-40　填充等比序列数据

2. 在表格中输入特殊符号

在制作Excel电子表格时，有时需要输入如"★"等的特殊符号，Excel提供了输入特殊符号的功能，操作方法如下。

（1）选择需要输入特殊符号的单元格，单击"插入"选项卡"符号"选项组中的"符号"按钮，选择"符号"选项。

（2）在弹出的"符号"对话框中，单击"子集"右侧的下拉按钮，在下拉列表中选择"几何图形"选项，如图4-41所示，再选择"★"图形选项，单击"插入"按钮，即可将特殊符号插入表格，如图4-42所示。

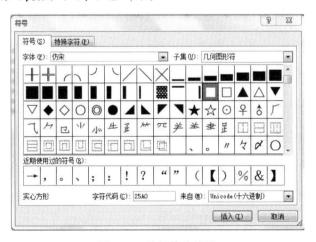

图4-41　选择特殊符号　　　　　　图4-42　插入特殊符号

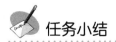 任务小结

通过对本任务的学习应该掌握在表格中输入各种数据的方法。

实战演练 1　创建"课程表"工作簿

演练目标

本演练要求利用 Excel 工作表的相关知识制作一个"课程表"工作簿，效果如图 4-43 所示，通过本实训应掌握 Excel 工作表的基本操作。

星期 课节	星期一	星期二	星期三	星期四	星期五	星期六
第1节	语文	专业1	英语	英语	语文	数学
第2节	数学	英语	数学	语文	英语	数学
第3节	英语	语文	语文	数学	英语	语文
第4节	专业1	数学	专业1	专业1	数学	语文
第5节	专业2	体育	音乐	体育	自习	英语
第6节	专业3	专业2	专业2	自习	专业1	专业1
第7节	音乐	自习	专业3	自习	自习	专业2

图 4-43　"课程表"工作簿效果

演练分析

本演练的操作思路如图 4-44 所示，具体分析及操作如下。

（1）新建工作簿，将工作簿保存为"课程表"电子表格，并为工作表重命名。

（2）在表格中输入普通的文本和数字数据，制作电子表格。

（3）保存制作的工作表，最后退出程序。

图 4-44　制作课程表工作簿操作思路

实战演练 2　制作高版本的"课程表"电子表格

演练目标

本演练要求利用 Excel 电子表格中技巧填充各种数据的方法来制作课程表，并保护工作表。

演练分析

本演练的操作思路如图 4-45 所示，具体分析及操作如下。

（1）打开实战演练 1 创建的"课程表"工作簿，在工作表中使用技巧填充相同文本数据。

（2）在单元格中快速填充有规律的数据。

（3）输入其他数据并保护工作表，保存并退出 Excel 2010。

（a）填充序列

（b）填充相同文本

（c）填充序列

图 4-45　技巧填充数据操作思路

拓展与提升

根据本模块所学内容，动手完成以下实践内容。

课后练习 1　制作某地海洋大学职工工资表

运用 Excel 的相关知识制作一份某地海洋大学职工工资表，其最终效果如图 4-46 所示。要求尽量使用技巧填充，命名为"海洋大学职工工资表"，文件保存到 D 盘的"Excel 2010 案例"文件夹中。

某地海洋大学职工工资表

职工编号	姓名	性别	年龄	职称	工资	
50001	郑含因	女	58	教授	¥ 4,259.64	
50002	李海儿	男	37	副教授	¥ 3,509.64	
50003	李静	女	34	讲师	¥ 3,598.10	职工的平均工资：
50004	马东升	男	30	讲师	¥ 2,324.64	职工的总工资：
50005	钟尔慧	男	37	讲师	¥ 4,904.64	职工的最高工资：
50006	卢植茵	女	35	讲师	¥ 2,904.64	职工的最低工资：
50007	林寻	男	52	副教授	¥ 3,904.64	工资大于3200的人数：
50008	王忠	男	55	副教授	¥ 3,829.64	教授的平均年龄：
50009	吴心	女	36	讲师	¥ 2,349.64	讲师的总工资：
50010	李伯仁	男	54	副教授	¥ 3,381.03	
50011	陈醉	男	41	讲师	¥ 2,364.01	
50012	马甫仁	男	35	讲师	¥ 3,711.03	
50013	夏雪	女	37	讲师	¥ 2,549.64	
50014	钟成梦	女	46	副教授	¥ 4,466.45	
50015	王晓宁	男	46	教授	¥ 5,069.64	
50016	魏文鼎	男	30	助教	¥ 3,209.64	
50017	宋成城	男	40	副教授	¥ 2,929.64	
50018	李文如	女	45	副教授	¥ 4,494.64	
50019	伍宁	女	31	助教	¥ 3,059.64	
50020	古琴	女	38	讲师	¥ 2,484.01	
50021	高展翔	男	54	教授	¥ 6,846.03	
50022	石惊	男	34	讲师	¥ 2,874.64	
50023	李宁	女	30	助教	¥ 2,999.64	

图 4-46　海洋大学职工工资表

课后练习 2　制作班级期中考试成绩单

本练习将使用 Excel 制作一份班级期中成绩统计表，其最终效果如图 4-47 所示。要求尽量使用技巧填充，命名为"某班级期中考试成绩单"，文件保存到 D 盘的"Excel 2010 案例"文件夹中。

	A	B	C	D	E	F	G	H	I	J	K	L
2		科目	语文	数学	英语	原理	VF	机试成绩	笔试总成绩	机试评定	总评成绩	名次
3		成绩										
4	学号	姓名										
5	1	何飞飞	77	91	54	100	100	70				
6	2	张丹丹	80	43	65	98	100	65				
7	3	聂志新	74	68	22	94	80	88				
8	4	刁立新	65	20	13	83	74	99				
9	班级参考人数											
10	最高分											
11	最低分											
12	优秀人数											
13	优秀率											
14	及格人数											
15	及格率											
16	总分											
17	平均分											

图 4-47　某班级期中考试成绩单

课后练习 3　提高 Excel 电子表格的制作效率

在工作中利用 Excel 制作电子表格时，除了本模块的学习内容外，还应该多查阅相关资料，反复练习，从而提高数据输入的效率。下面补充相关快捷键的使用，供大家参考和探索。

◆ 按【Alt+Enter】组合键可以在单元格中换行。

◆ 按【Shift+Enter】组合键可以完成单元格输入并在选中区域中上移。

◆ 按【Tab】键可以完成单元格输入并在选中区域中右移。

◆ 按【Shift+Tab】组合键可以完成单元格输入并在选中区域中左移。

◆ 按【Ctrl+Delete】组合键可以删除插入点到行末的文本。

◆ 按【F4】键或【Ctrl+Y】组合键可以重复最近一次操作。

◆ 按【Shift+F2】组合键可以编辑单元格批注。

◆ 按【Shift+Ctrl+F3】组合键可以由行或列标志创建名称。

◆ 按【Ctrl+D】组合键可以向下填充。

◆ 按【Ctrl+R】组合键可以向右填充。

◆ 按【Ctrl+F3】组合键可以定义名称。

模块 5

编辑和美化电子表格

 内容摘要

在表格中输入数据后，可以调整表格、编辑表格中的数据和设置表格格式等，从而达到美化电子表格的目的，并且使制作的电子表格便于查看。本模块将以 3 个任务来介绍编辑和美化电子表格的方法。

 学习目标

📖 熟练掌握制作电子表格的基本操作。
📖 熟练掌握编辑表格数据的方法。
📖 掌握删除和冻结表格的方法。
📖 掌握设置表格格式的方法。
📖 掌握自动套用表格格式的方法。
📖 熟练掌握在电子表格中插入图片和艺术字的方法。

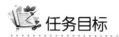任务 1 制作某公司员工销售业绩排名表

任务目标

本任务的目标是通过对单元格的基本操作,制作一张员工销售业绩排名表,效果如图 5-1 所示。通过练习应掌握选择、插入、合并与拆分单元格、调整单元格的行高与列宽以及设置边框线等方法。

编号	姓名	性别	销售区域	出生日期	工龄	学历	累计销售业绩	目前业绩排名
YW01	张建立	男	东北区	1978/8/8	6	本科	¥496, 129.00	
YW02	赵晓娜	女	西北区	1981/10/1	10	高中	¥312, 597.00	
YW03	刘娟	女	西北区	1979/9/30	6	大专	¥265, 145.00	
YW04	张瑛	女	华南区	1977/9/25	4	大专	¥458, 567.00	
YW05	魏翠海	女	华东区	1973/9/16	3	高中	¥185, 970.00	
YW06	王志刚	男	西南区	1979/7/18	8	中专	¥364, 960.00	
YW08	马红丽	女	西南区	1969/9/7	7	中专	¥450, 159.00	
YW09	刘宝英	女	西北区	1963/8/25	8	本科	¥109, 817.00	
YW10	王星	女	西北区	1961/8/25	3	高中	¥471, 415.00	
YW11	邢鹏丽	女	西北区	1959/8/16	2	本科	¥227, 267.00	
YW12	王利利	男	华南区	1979/5/30	11	本科	¥264, 045.00	
YW13	丁一夫	男	华南区	1979/8/4	6	本科	¥439, 356.00	
YW14	洪峰	男	华南区	1980/2/18	2	大专	¥259, 850.00	
YW15	赵志杰	男	华南区	1980/4/24	9	大专	¥160, 787.00	
YW16	李晓梅	女	华中区	1957/8/11	10	大专	¥151, 984.00	

员工销售业绩排名表

制表人:王小丫

图 5-1　员工销售业绩排名表

本任务的具体目标要求如下:

(1)熟练掌握选择、合并单元格的方法。

(2)熟练掌握插入单元格和调整行高的方法。

(3)熟练掌握调整列宽和删除单元格的方法。

专业背景

员工销售业绩排名表是为了统计员工在本年度的业绩排名而制作的,具有统计性、针对性等特点,在企业、团体等事业单位的财务部门较为常用。在制作评估统计表时,应包含基本的用来评估的数据,如本例中的累计销售业绩。另外,一些公司在制作时也会添加工作业绩、工作贡献、工作能力、工作考勤等项目。

操作思路

本任务的操作思路如图 5-2 所示，涉及的知识点有单元格的选择、插入、合并与拆分，以及调整单元格的行高和列宽等基本操作，具体操作及要求如下：

（1）新建工作簿，选择并合并单元格，输入表格数据并设置字体格式。

（2）插入单元格并调整行高。

（3）为单元格调整列宽并删除不需要的单元格。

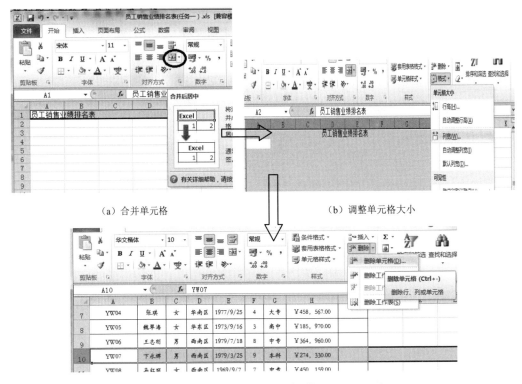

（a）合并单元格　　　　　　　　　　　（b）调整单元格大小

（c）删除不需要的单元格

图 5-2　制作员工销售业绩排名表操作思路

操作1　制作表格

（1）新建工作簿，并将工作簿保存为"员工销售业绩排名表"。

（2）选中单元格区域的第一个单元格并输入文本"员工销售业绩排名表"，然后按住鼠标左键向右拖动到目标位置，释放鼠标左键即可选中该区域的单元格，如图 5-3 所示。

图 5-3　选择单元格区域 A1：I1

（3）单击"开始"选项卡"对齐方式"选项组中的"合并后居中" 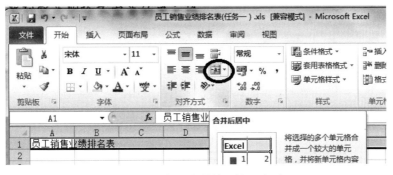 右侧的下拉按钮 ，在弹出的下拉列表中选择"合并后居中"选项，如图 5-4 所示。

图 5-4　选择"合并单元格"选项

提示：Excel 中单元格是最基本的单位，不可以被拆分，只有合并的单元格才能够被拆分。其方法是选中合并后的单元格，单击"开始"选项卡"对齐方式"选项组中的"合并后居中"按钮，在弹出的下拉列表中选择"取消单元格合并"选项。

（4）在其他单元格中输入如图 5-5 所示的数据并设置字体为"华文楷体"，字号为"11"。

员工销售业绩排名表							
编号	姓名	性别	销售区域	出生日期	工龄	学历	累计销售业绩排名
YW01	张建立	男	东北区	28710	6	本科	¥496,129.00
YW02	赵晓娜	女	西北区	29860	10	高中	¥312,597.00
YW03	刘靖	女	西北区	29128	6	大专	¥265,145.00
YW04	张琪	女	华南区	28393	4	大专	¥458,567.00
YW05	魏翠海	女	华东区	26923	3	高中	¥185,970.00
YW06	王志刚	男	西南区	29054	8	中专	¥364,960.00
YW07	卞永辉	男	西南区	28939	9	本科	¥274,330.00
YW08	马红丽	女	西南区	25453	7	中专	¥450,159.00
YW09	刘宝芙	女	西北区	23248	8	本科	¥109,817.00
YW10	王星	女	西北区	22518	3	高中	¥471,415.00
YW11	邢鹏丽	女	西北区	21778	2	本科	¥227,267.00
YW12	王利利	男	华南区	29005	11	本科	¥264,045.00
YW13	丁一夫	男	华南区	29071	6	本科	¥439,356.00
YW14	洪峰	男	华南区	29269	2	大专	¥259,850.00
YW15	赵志杰	男	华南区	29335	9	大专	¥160,787.00
YW16	李晓梅	女	华中区	21043	10	大专	¥151,984.00
YW17	黄学朝	男	华中区	29401	11	本科	¥431,166.00
YW18	张民化	男	华中区	29467	9	中专	¥91,092.00
YW19	王立	男	华北区	29599	4	高中	¥311,251.00
YW20	张光立	男	华北区	29665	11	大专	¥458,834.00

图 5-5　输入数据

（5）选中 A3:I22 区域，单击"开始"选项卡"对齐方式"选项组中的 按钮，使区域中的所有数据居中对齐。

（6）选择 A2 单元格，按住【Shift】键的同时单击 I2 单元格，即可选中 A2:I2 区域的单元格，单击"开始"选项卡"单元格"选项组中的"单元格"按钮 ，在弹出的下拉列表中选择"插入"→"插入单元格…"选项。

（7）弹出"插入"对话框，选中"活动单元格下移"单选按钮，如图 5-6 所示，单击"确定"按钮，即可在所选单元格的位置处插入一个单元格，原单元格内容下移一个单元格，在单元格中输入文本"制表人：王小丫"。

图 5-6　"插入"对话框

提示： 在选择单个单元格时单击单元格即可；当选择多个不连续单元格或单元格区域时按住【Ctrl】键不放，然后选择需要的单元格或单元格区域即可；选择整行或整列单元格时只需要将光标移动到行号或列标上，当光标变为箭头时单击即可。

操作2　调整表格

（1）选择"员工销售业绩排名表"所在的单元格区域，单击"开始"选项卡"单元格"选项组中的"格式"按钮，在弹出的下拉列表中选择"行高"选项。

（2）弹出"行高"对话框，在"行高"文本框中输入"30"，如图 5-7 所示，单击"确定"按钮，即可设置行高。

（3）选择"制表人：王小丫"所在的单元格，单击"单元格"选项组中的"格式"按钮，在弹出的下拉列表中选择"列宽"选项。

（4）弹出"列宽"对话框，在"列宽"文本框中输入"12"，如图 5-8 所示，单击"确定"按钮，即可设置列宽。

图 5-7　"行高"对话框

图 5-8　"列宽"对话框

提示： 将鼠标指针移到行号或列标上，当其变为 ⇕ 或 ⇔ 形状时，向上下或向左右拖动鼠标也可改变行高或列宽。

（5）拖动鼠标选择 A10:I10 单元格区域，如图 5-9 所示。

	A	B	C	D	E	F	G	H	I
4	YW01	张建立	男	东北区	1978/8/8	6	本科	￥496,129.00	
5	YW02	赵晓娜	女	西北区	1981/10/1	10	高中	￥312,597.00	
6	YW03	刘绮	女	西北区	1979/9/30	6	大专	￥265,145.00	
7	YW04	张琪	女	华南区	1977/9/25	4	大专	￥458,567.00	
8	YW05	魏翠海	女	华东区	1973/9/16	3	高中	￥185,970.00	
9	YW06	王志刚	男	西南区	1979/7/18	8	中专	￥364,960.00	
10	YW07	卞永辉	男	西南区	1979/3/25	9	本科	￥274,330.00	
11	YW08	马红丽	女	西南区	1969/9/7	7	中专	￥450,159.00	

图 5-9　选择 A10:I10 单元格区域

（6）单击"开始"选项卡"单元格"选项组中的"删除"按钮 ，在弹出的下拉列表中选择"删除"→"删除单元格…"选项。

（7）在弹出的"删除"对话框中选中"下方单元格上移"单选按钮，然后单击"确定"按钮，即可将选中的单元格删除，并使下方的单元格内容上移，删除单元格的效果如图 5-10 所示。

	A	B	C	D	E	F	G	H	I
4	YW01	张建立	男	东北区	1978/8/8	6	本科	¥496，129.00	
5	YW02	赵晓娜	女	西北区	1981/10/1	10	高中	¥312，597.00	
6	YW03	刘绮	女	西北区	1979/9/30	6	大专	¥265，145.00	
7	YW04	张琪	女	华南区	1977/9/25	4	大专	¥458，567.00	
8	YW05	魏翠海	女	华东区	1973/9/16	3	高中	¥185，970.00	
9	YW06	王志刚	男	西南区	1979/7/18	8	中专	¥364，960.00	
10	YW08	马红丽	女	西南区	1969/9/7	7	中专	¥450，159.00	
11	YW09	刘宝芙	女	西北区	1963/8/25	8	本科	¥109，817.00	
12	YW10	王星	女	西北区	1961/8/25	3	高中	¥471，415.00	

图 5-10　删除单元格的效果

（8）选中"员工销售业绩排名表"所在的合并后的单元格，设置标题字体为"黑体"，字号设置为"20"号。

（9）选择 A2:I22 区域，单击"单元格"选项组中的"格式"按钮，在弹出的下拉列表中选择"设置单元格格式…"选项。

（10）在弹出的"设置单元格格式"对话框中，单击"边框"选项卡，在左边的"线条样式"选项组中的，选择"细实线"后，在"预设"栏中单击"外边框"和"内部"按钮，完成对数据区内、外连线的设置，如图 5-11 所示。

（11）选中 A2:I2 单元格区域，在"设置单元格格式"对话框中，单击"边框"选项卡中的 按钮，再单击"确定"按钮取消这一行中单元格的内部边线。至此，本模块任务 1 制作完成。

图 5-11　完成后的效果

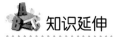 **提示：** 选择单元格后右击，在弹出的快捷菜单中选择"删除"选项，也可以将单元格删除；若选择"清除内容"选项，则只删除单元格中的数据，而不删除单元格。

知识延伸

本任务练习了 Excel 中单元格的基本操作，包括选择、插入、合并与拆分单元格，以及调整单元格的行高和列宽等。在进行这些编辑操作时可以选择某一行、列或某个单元格，也可选择多行、多列或多个单元格。

另外，为了保护单元格中的数据，可将一些重要的单元格隐藏或锁定，达到保护单元格的目的。保护单元格是在保护工作表的基础上进行的，下面进行具体介绍。

1. 隐藏和显示单元格

（1）选择需要隐藏的单元格，单击"开始"选项卡"单元格"选项组中"格式"按钮 右侧的下拉按钮 ，在弹出的下拉列表中选择"隐藏和取消隐藏"选项。

（2）在隐藏和取消隐藏中选择相应的选项，对单元格进行设置即可，如图 5-12 所示，其中各选项的含义如下。

◆ "隐藏行"：选择该选项，将隐藏当前单元格所在的行。

◆ "隐藏列"：选择该选项，将隐藏当前单元格所在的列。

◆ "隐藏工作表"：选择该选项，将隐藏当前工作表。

◆ "取消隐藏行"：选择该选项，将显示隐藏的行。

◆ "取消隐藏列"：选择该选项，将显示隐藏的列。

◆ "取消隐藏工作表"：选择该选项，将显示隐藏的工作表。

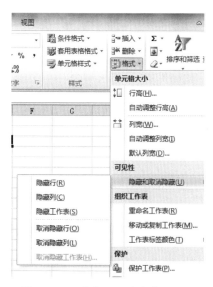

图 5-12 "隐藏和取消隐藏"选项

2. 锁定单元格

在默认情况下，Excel 2010 单元格处于锁定状态，因此，在锁定某一些单元格时需要先取消全部单元格的锁定状态，具体操作步骤如下。

（1）按【Ctrl+A】组合键全选工作表，在工作表编辑区右击，在弹出的快捷菜单中选择"设置单元格格式…"选项。

（2）在弹出的"设置单元格格式"对话框中选择"保护"选项卡，取消选中"锁定"复选框，单击"确定"按钮。

（3）返回工作表，选择任意一个应用了公式的单元格，将光标移动到其左边出现的图标处，可看到系统提示信息："此单元格包含公式，并且未被锁定以防止不经意的更改"。

（4）将光标停留在该图标上，单击其下拉按钮 ，在弹出的下拉列表中选择"锁定单元格"选项，即可锁定该单元格。

通过本任务的学习，应掌握选择、插入、合并和拆分单元格的操作，并学会调整列宽、行高及边线设置的方法。

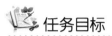

本任务的目标是运用 Excel 编辑数据的相关知识，继续编辑制作本模块任务 1 的"员工销售业绩排名表"表格，效果如图 5-13 所示。通过练习应掌握编辑数据的基本操作。

	A	B	C	D	E	F	G	H	I
1	员工销售业绩排名表								
2	制表人：王小丫								
3	编号	姓名	性别	销售区域	出生日期	工龄	学历	累计销售业绩	目前业绩排名
4	YW01	张建立	男	东北区	1978/8/8	4	本科	￥496,129.00	
5	YW02	赵晓娜	女	西北区	1981/10/1	10	高中	￥312,597.00	
6	YW03	刘绪	男	西北区	1979/9/30	6	大专	￥265,145.00	
7	YW04	张琪	女	临演路	1977/9/25	4	大专	￥312,597.00	
8	YW05	魏翠海	女	华东区	1973/9/16	3	高中	￥185,970.00	
9	YW07	卞永辉	男	西南区	1979/3/25	9	本科	￥274,330.00	
10	YW08	乌红丽	女	西南区	1969/9/7	7	中专	￥450,159.00	
11	YW09	刘宝英	女	西北区	1963/8/25	8	本科	￥109,817.00	
12	YW10	王晨	女	西北区	1961/8/25	3	高中	￥471,415.00	
13	YW11	邢鹏丽	女	西北区	1959/8/16	2	本科	￥227,267.00	
14	YW12	王利利	男	临演路	1979/5/30	11	本科	￥264,045.00	
15	YW13	丁一夫	男	临演路	1979/8/4	6	本科	￥439,356.00	
16	YW14	洪峰	男	临演路	1980/2/18	2	大专	￥259,850.00	
17	YW15	赵志杰	男	临演路	1980/4/24	9	大专	￥160,787.00	
18	YW16	李晓梅	女	华中区	1957/8/11	10	大专	￥151,984.00	

图 5-13　员工销售业绩排名表编辑效果

本任务的具体目标如下：
（1）熟练掌握修改表格中数据的方法。
（2）熟练掌握移动和复制数据的操作。
（3）掌握查找和替换功能。
（4）掌握删除和冻结表格的操作。

"员工销售业绩排名表"电子表格主要用于员工销售业绩的管理，表格创建完成后经常需

要改动，如增加员工，改动销售额，冻结某些数据，或者复制某些数据等，总之，Excel 会使这些管理方便快捷。

操作思路

本任务的操作思路如图 5-14 所示，涉及的知识点有修改和删除表格数据、移动和复制表格数据、冻结表格等，具体操作及要求如下：

（1）打开本模块任务 1 的"员工销售业绩排名表"文件，修改表格中的数据。

（2）移动和复制表格中的数据。

（3）查找和替换表格中的数据。

（4）删除和冻结表格。

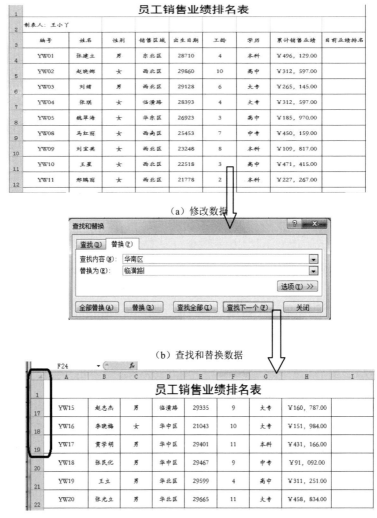

图 5-14　编辑员工销售业绩排名表操作思路

操作 1　**编辑表格数据**

（1）打开本模块任务 1 的"员工销售业绩排名表"文件，选择需要修改数据的单元格，这里选择 F4 单元格。

（2）将光标定位在"数据编辑栏"中，或者将插入点定位到需添加数据的位置，输入正确的数据，这里把 F4 单元格的内容由原来的"6"修改为"4"，按【Enter】键完成修改，如图 5-15 所示。

（3）双击 C6 单元格，在单元格中定位插入点并将数据修改为"男"，按【Enter】键完成修改。

（4）单击 D9 单元格，然后输入正确的文本数据"华东区"，如图 5-16 所示，按【Enter】键即可快速完成修改。

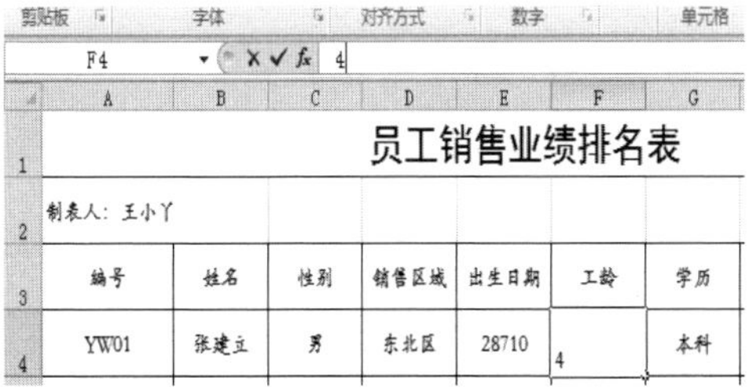

图 5-15　通过"数据编辑栏"修改数据

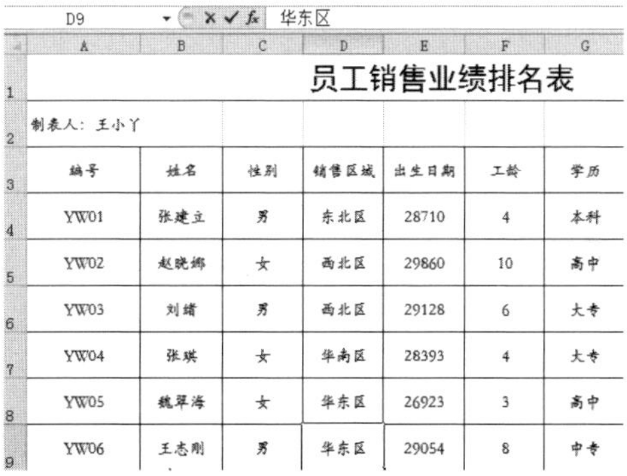

图 5-16　通过选中单元格修改数据

（5）选择 H7 单元格，单击"开始"选项卡"剪贴板"选项组中的"剪切"按钮，然后选择 H9 单元格，单击"剪贴板"选项组中的"粘贴"按钮，即可移动数据，如图 5-17 所示。

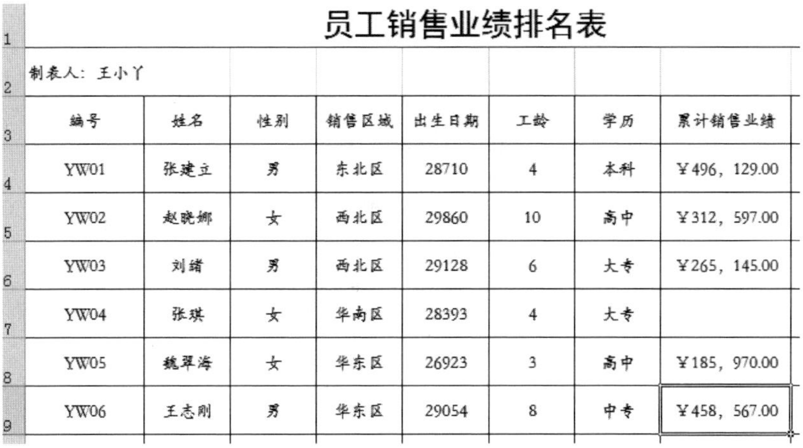

图 5-17　移动数据效果

提示：选中单元格后按【Ctrl+X】组合键，然后移动光标到目标单元格后，按【Ctrl+V】组合键可移动数据；若需要复制数据，则按【Ctrl+C】组合键，选择目标单元格后再按【Ctrl+V】组合键即可。

（6）选择 H5 单元格，单击"开始"选项卡"剪贴板"选项组中的"复制"按钮，选择 H7 单元格，单击"剪贴板"选项组中的"粘贴"按钮，即可复制数据，如图 5-18 所示。

员工销售业绩排名表

制表人：王小丫

编号	姓名	性别	销售区域	出生日期	工龄	学历	累计销售业绩	目
YW01	张建立	男	东北区	28710	4	本科	¥496,129.00	
YW02	赵晓娜	女	西北区	29860	10	高中	¥312,597.00	
YW03	刘绪	男	西北区	29128	6	大专	¥265,145.00	
YW04	张琪	女	华南区	28393	4	大专	¥312,597.00	

图 5-18　复制数据效果

（7）选择 H7 单元格，将光标置于所选单元格边框上，当光标由空心十字形状变为十字箭头形状时，拖动鼠标至 H9 单元格释放，在弹出的提示对话框中单击"确定"按钮，即可替换目标单元格中的数据（此时观察 H7 中的数据如何变化），如图 6-19 所示。

图 5-19　提示对话框

（8）选择 H5 单元格，将鼠标指针置于所选单元格的边框上，当光标由空心十字形状变为十字箭头形状时，按住【Ctrl】键，此时光标将变为小十字形状，拖动鼠标至 H7 单元格后释放（此时观察 H5 中的数据是否变化），即可复制单元格数据，如图 5-20 所示。

提示：在移动和复制数据时，在不同的工作表中可以使用"剪贴板"选项组中的按钮进行移动或复制，在同一个工作表中可拖动鼠标进行移动或复制，这样在很大程度上提高了表格的制作效率。

员工销售业绩排名表

1									
2	制表人：王小丫								
3	编号	姓名	性别	销售区域	出生日期	工龄	学历	累计销售业绩	目
4	YW01	张建立	男	东北区	28710	4	本科	¥496,129.00	
5	YW02	赵晓娜	女	西北区	29860	10	高中	¥312,597.00	
6	YW03	刘绪	男	西北区	29128	6	大专	¥265,145.00	
7	YW04	张琪	女	华南区	28393	4	大专	¥312,597.00	

图 5-20　通过拖动鼠标复制数据

（9）单击"开始"选项卡"编辑"选项组中的"查找和选择"按钮 ，在弹出的下拉列表中选择"查找"选项。

（10）在弹出的"查找和替换"对话框的"查找内容"下拉列表中输入"华南区"，单击"查找全部"按钮。

（11）选择"替换"选项卡，在弹出的"替换为"下拉列表中输入"临潢路"，如图 5-21 所示，单击"全部替换"按钮。

（12）替换完成后弹出信息提示框，单击"确定"按钮确认替换，返回"查找和替换"对话框，单击"关闭"按钮，完成替换，替换内容后的效果如图 5-22 所示。

图 5-21　"查找和替换"对话框

YW04	张瑛	女	临潢路	28393	4	大专	￥312，597.00
YW05	魏翠海	女	华东区	26923	3	高中	￥185，970.00
YW06	王志刚	男	华东区	29054	8	中专	￥312，597.00
YW08	马红丽	女	西南区	25453	7	中专	￥450，159.00
YW09	刘宝美	女	西北区	23248	8	本科	￥109，817.00
YW10	王星	女	西北区	22518	3	高中	￥471，415.00
YW11	邢鹏丽	女	西北区	21778	2	本科	￥227，267.00
YW12	王利利	男	临潢路	29005	11	本科	￥264，045.00
YW13	丁一夫	男	临潢路	29071	6	本科	￥439，356.00
YW14	洪峰	男	临潢路	29269	2	大专	￥259，850.00

图 5-22　替换内容后的效果

操作 2　**删除数据和冻结表格**

（1）拖动鼠标选择 A9:H9 单元格区域，单击"数据编辑栏"中的"清除"按钮 ，在弹出的下拉列表中选择"全部清除"选项，即可删除单元格区域中的数据和格式，如图 5-23 所示。

（2）将鼠标指针移动到行号（如"9"）上，当其变为向右箭头 形状时，单击即可选择整行表格。

（3）单击"开始"选项卡"单元格"选项组中的"删除"按钮，在弹出的下拉列表中选择"删除单元格"选项，即可删除该行单元格。

	员工销售业绩排名表							
编号	姓名	性别	销售区域	出生日期	工龄	学历	累计销售业绩	目前业绩排名
YW01	张建立	男	东北区	28710	4	本科	¥496, 129.00	
YW02	赵晓娜	女	西北区	29860	10	高中	¥312, 597.00	
YW03	刘绪	男	西北区	29128	6	大专	¥265, 145.00	
YW04	张璞	女	临潢路	28393	4	大专	¥312, 597.00	
YW05	魏翠海	女	华东区	26923	3	高中	¥185, 970.00	

图 5-23 删除表格中的数据

（4）单击列标 A 左边的按钮 ▦ 选择整张工作表，单击"视图"选项卡"窗口"选项组中的"冻结窗格"按钮 ▦ 右侧的下拉按钮 ▾，在弹出的下拉列表中选择"冻结首行"选项。

（5）此时在首行单元格下将出现一条黑色的横线，当滚动鼠标滑轮或拖动垂直滚动条查看表中的数据时，首行的位置始终保持不变，如图 5-24 所示。

	A	B	C	D	E	F	G	H	I
1			员工销售业绩排名表						
17	YW15	赵志杰	男	临潢路	29335	9	大专	¥160, 787.00	
18	YW16	李晓梅	女	华中区	21043	10	大专	¥151, 984.00	
19	YW17	黄学胡	男	华中区	29401	11	本科	¥431, 166.00	
20	YW18	张民化	男	华中区	29467	9	中专	¥91, 092.00	
21	YW19	王立	男	华北区	29599	4	高中	¥311, 251.00	
22	YW20	张光立	男	华北区	29665	11	大专	¥458, 834.00	

图 5-24 冻结表格首行效果

提示： 单击"冻结窗格"右侧的下拉按钮，在弹出的下拉列表中选择"冻结拆分窗格"选项，可以在查看工作表中的数据时，保持设置的行和列的位置不变；选择"冻结首行"选项可以在查看工作表中的数据时，保持首行的位置不变。

知识延伸

本任务练习了在表格中编辑数据的相关操作。当使用查找和替换功能查找表格中的数据时，可以单击"查找和替换"对话框中的"选项"按钮，进一步设置查找和替换条件，如图 5-25 所示，其中各选项含义如下：

图 5-25　"查找和替换"对话框

◆　"范围"下拉列表：用于选择查找的范围，如选择"工作表"则表示在当前工作表中查找。

◆　"区分大小写"复选框：选中该复选框，可以区分表格中数据的英文大小写状态。

◆　"区分全/半角"复选框：选中该复选框，可以区分中文输入法的全角和半角。

◆　"查找范围"下拉列表：可以设置查找范围为公式、值或批注。

另外，在编辑表格数据时，如果执行了错误的操作，可使用撤销功能将其撤销，在撤销某步操作后还可使用恢复功能对其进行恢复。单击"撤销"按钮 ，或按【Ctrl+Z】组合键可撤销输入操作，单击"恢复"按钮 ，或按【Ctrl+Y】组合键可恢复撤销操作。

任务小结

通过本任务的学习，应掌握修改、移动、复制、查找和替换、删除及冻结单元格数据的操作。

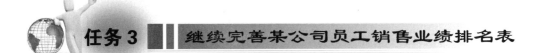

任务 3　继续完善某公司员工销售业绩排名表

任务目标

本任务的目标主要是对表格的格式进行美化设置，以满足不同的需要，美化后的员工销售业绩排名表如图 5-26 所示。通过练习应掌握在表格中添加艺术字和图片的方法。

本任务的具体目标要求如下：

（1）熟练掌握设置表格格式的基本操作。

（2）掌握自动套用表格格式的方法。

（3）熟练掌握在表格中插入图片和艺术字的方法。

图 5-26　美化后的"员工销售业绩排名表"效果

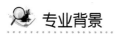 专业背景

在本任务中需要了解销售业绩电子表格的作用，销售业绩表一般用于考核销售量，不同类型的公司其考核方式也不一样，完整的销售业绩电子表格包括表头、产品名称、计划数量、实际完成数量、达成率、下月计划及签字等内容，最后会进行汇总，用总金额来分析人员的业绩情况。

操作思路

本任务的操作思路如图 5-27 所示，涉及的知识点有设置表格中数据的对齐方式和字体、设置边框和图案、自动套用表格格式、插入图片和艺术字等，具体操作及要求如下：

（1）打开"员工销售业绩排名表"文件，设置表格的格式，包括设置字体和对齐方式。

（2）设置自动套用表格格式。

（3）在表格中插入图片和艺术字等美化电子表格。

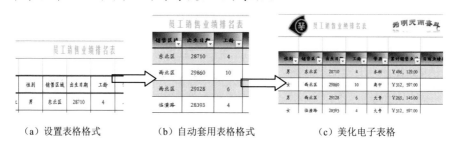

（a）设置表格格式　　　（b）自动套用表格格式　　　（c）美化电子表格

图 5-27　美化员工销售业绩排名表操作思路

操作 1　设置表格的格式

（1）选择"员工销售业绩排名表"所在的单元格，单击"字体"工具栏右下角的 按钮，

弹出"设置单元格格式"对话框，选择"字体"选项卡。

（2）在"字体"、"字形"和"字号"列表框中分别选择"方正姚体"、"常规"和"16"选项，在"颜色"下拉列表中选择"橙色"选项，如图 5-28 所示。

（3）设置完成后，单击"确定"按钮，即可在表格中看到应用字体格式后的效果，如图 5-29 所示。

图 5-28　设置字体格式

图 5-29　应用字体格式的效果

（4）选择 A3：I3 单元格区域，单击"开始"选项卡"对齐方式"选项组中的"居中"按钮，设置数据居中对齐。

（5）选择 A4：B21 单元格区域，单击"开始"选项卡"对齐方式"选项组中的"右对齐"按钮，设置数据右对齐。

（6）选择 A3：I3 单元格区域，单击"对齐方式"选项组中右下角的按钮，弹出"设置单元格格式"对话框。

（7）选择"边框"选项卡，在线条"样式"列表框中选择一个较粗的线条样式，在"颜色"下拉列表中选择"紫色"，如图 5-30 所示。

图 5-30　设置边框和边框颜色

（8）单击"预置"栏中的"外边框"按钮 ⊞，添加的边框效果将在预览框中显示。单击"确定"按钮。

（9）返回电子表格，设置边框的效果如图 5-31 所示。

	员 工 销 售 业 绩 排 名 表							
制表人：王小丫								
编号	姓名	性别	销售区域	出生日期	工龄	学历	累计销售业绩	目前业绩排名
YW01	张建立	男	东北区	28710	4	本科	￥496,129.00	

图 5-31　设置边框的效果

（10）选择 A3：I3 单元格区域，单击"对齐方式"选项组中右下角的 按钮，弹出"设置单元格格式"对话框。

（11）单击"填充"选项卡中的"填充效果"按钮，弹出"填充效果"对话框。

（12）在其中的"颜色1"下拉列表选择"红色"选项，在"颜色2"下拉列表选择"黄色"选项。

（13）在"底纹样式"选项组中选中"角部辐射"单选按钮，在"变形"选项组中选择左上角的样式，如图 5-32 所示。

（14）单击"确定"按钮，返回"设置单元格格式"对话框，单击"确定"按钮，返回电子表格，填充图案的效果如图 5-33 所示。

图 5-32　"填充效果"对话框

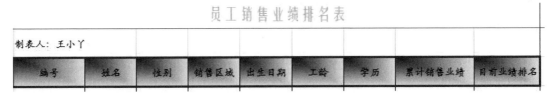

图 5-33　填充图案的效果

操作 2　自动套用格式

（1）选择 A3:I22 单元格区域。

（2）单击"样式"选项组中的"套用表格格式"按钮，在弹出的下拉列表中选择需要套用的样式。

（3）弹出"套用表格式"对话框，如图 5-34 所示，单击"确定"按钮，套用格式的效果如图 5-35 所示。

编号	姓名	性别	销售区域	出生日期	工龄	学历	累计销售业绩	目
YW01	张建立	男	东北区	28710	4	本科	￥496,129.00	
YW02	赵晓娜	女	西北区	29860	10	高中	￥312,597.00	
YW03	刘镨	男	西北区	29128	6	大专	￥265,145.00	
YW04	张果	女	临潢路	28393	4	大专	￥312,597.00	
YW05	魏翠海	女	华东区	26923	3	高中	￥185,970.00	

图 5-34　"套用表格式"对话框　　　　　图 5-35　套用格式的效果

操作3 插入图片和艺术字

（1）将光标移动到行号"1"和"2"之间，当其变为 ✛ 形状时，按住鼠标向下拖动，调整行高到合适的位置。

（2）选择 A1:I1 单元格区域，单击"插入"选项卡"插图"选项组中的"剪贴画"按钮，此时将在窗口右侧弹出"剪贴画"窗格，如图 5-36 所示，在"搜索文字"文本框中输入"符号"，单击"搜索"按钮，在下面的列表框中选择需要的剪贴画单击即可插入。

（3）拖动剪贴画的 4 个角点，调整剪贴画到合适大小。

（4）单击"格式"选项卡"调整"选项组中的"更正"按钮，在弹出的下拉列表选择"亮度 0%，对比度+40%"选项，如图 5-37 所示。

（5）单击"颜色"按钮，在弹出的下拉列表中选择 "橙色，强调文字颜色 6 深色"选项。

（6）单击"图片样式"选项组中的"图片效果"按钮，在弹出的下拉列表中选择"发光"→ "红色，5pt 发光，强调文字颜色 2"选项，插入图片的效果如图 5-38 所示。

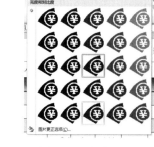

图 5-36　"剪贴画"窗格　　　　图 5-37　亮度、对比度　　　　图 5-38　插入图片的效果

（7）单击任意单元格，退出剪贴画编辑状态。

（8）单击"插入"选项卡"文本"选项组中的"艺术字"按钮，在弹出的下拉列表中选择最后一种艺术字效果，在表格中将弹出如图 5-39 所示的"艺术字编辑"文本框。

（9）在其中输入"为明天而奋斗"文本，选择文本并选择"开始"选项卡，在"字体"选项组中设置字体为"华文隶书"，字号为"20"。

（10）将光标移动到文本框上，拖动艺术字到适当位置。

（11）单击"格式"选项卡"艺术字样式"选项组中的 A· 按钮，在弹出的下拉列表中选择"转换"→"跟随路径"→"上弯弧"选项，插入艺术字的效果如图 5-40 所示。

提示：在表格中不仅可以插入剪贴画和艺术字，还可以根据用户的需要，插入各种图片、形状、SmartArt 图形及文本框等，并可设置相应的样式效果。

图 5-39　"艺术字编辑"文本框　　　　图 5-40　插入艺术字的效果

知识延伸

本任务练习了在表格中设置表格样式的相关操作，通过本任务的练习，应掌握利用 Excel 制作各种精美电子表格的方法。

另外，除了本任务中介绍的套用表格样式美化表格的方法外，还可以使用条件格式美化表格，从而使表格更有特色。

条件格式即规定单元格中的数据在满足设定条件时，单元格将显示为相应条件的单元格样式，以突出显示所关注的单元格或单元格区域，强调异常值并通过使用颜色刻度、数据条和图标集来直观地显示数据。使用条件格式美化表格的方法主要有以下几个方面，下面进行具体介绍（在操作前要选择需设置格式的数据区域）。

1. 使用突出显示单元格规则

（1）单击"开始"选项卡"样式"选项组中的"条件格式"按钮，在弹出的下拉列表中选择"突出显示单元格规则"选项，将弹出如图 5-41 所示的选项。

（2）选择相应的选项，这里选择"小于"选项，将弹出"小于"对话框，在数值框中输入数值，这里输入"200"，在右侧列表框中选择一种颜色样式，单击"确定"按钮，如图 5-42 所示。设置后满足条件的单元格会按条件格式中设置的样式显示。

图 5-41　"突出显示单元格规则"选项　　　　图 5-42　"小于"对话框

2．使用色阶设置条件格式

（1）单击"样式"选项组中的"条件格式"按钮，在弹出的下拉列表中选择"色阶"选项，再选择颜色样式即可。

（2）在"色阶"子菜单中只有12种颜色，如果要设置更多双色刻度的颜色，可选择"其他规则"选项，在弹出的"新建格式规则"对话框中进行设置即可。

3．使用数据条设置条件格式

（1）在"开始"选项卡的"样式"选项组中，选择"条件格式"下拉列表中的"数据条"选项，再选择相应的数据条样式即可。

（2）在"条件格式"下拉列表中选择"新建规则"选项，在弹出的对话框中可以设置条件格式；若选择"清除规则"选项，则可删除单元格中设置的条件格式。

4．使用图标集设置条件格式

在"开始"选项卡的"样式"选项组中，选择"条件格式"下拉列表中的"图标集"选项，再选择相应的图标集样式即可。

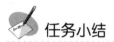 任务小结

通过本任务的学习，应学会设置表格所需格式，自动套用表格格式，以及在表格中插入艺术字和图片等。

实战演练 1　制作学生档案登记表

 演练目标

本演练要求利用制作 Excel 电子表格的相关知识，通过调整单元格和设置单元格格式的方法制作一份学生档案登记表电子表格，其效果如图 5-43 所示。通过本实训应掌握电子表格的制作和调整方法。

图 5-43　学生档案登记表效果

📋 **演练分析**

本演练的操作思路如图 5-44 所示，具体分析及操作如下。

（1）在表格的相应位置输入数据。

（2）设置表格样式，使其更加合理美观。

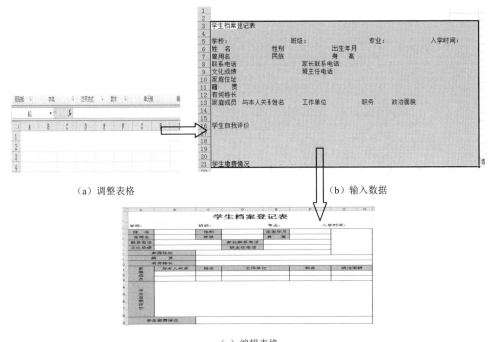

（a）调整表格　　　　　　　　　　　　　　　　（b）输入数据

（c）编辑表格

图 5-44　制作学生档案登记表操作思路

实战演练 2　制作员工工资表电子表格

📁 **演练目标**

本演练要求利用编辑表格中的数据和冻结表格等知识制作如图 5-45 所示的员工工资表电子表格。

📋 **演练分析**

本演练的操作思路如图 5-46 所示，具体分析及操作如下。

（1）创建员工工资表文件，输入表格中的数据，编辑并修改表格中的数据。

（2）在编号 006 前插入一行，删除不需要的单元格（如编号为 003），为表格添加边框底纹。

（3）冻结表格首行并查看表格。

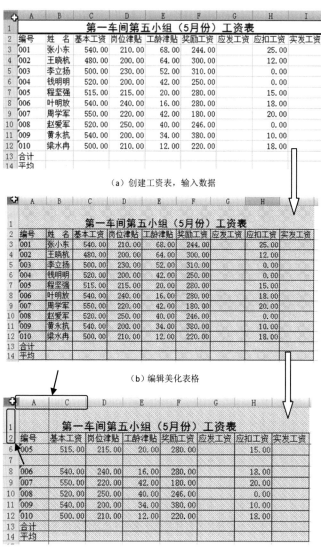

图 5-45　员工工资表效果

（a）创建工资表，输入数据

（b）编辑美化表格

（c）冻结窗口

图 5-46　制作员工工资表操作思路

实战演练3　美化教师结构工资月报表电子表格

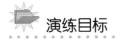演练目标

本演练要求利用设置表格样式的相关知识来美化教师结构工资月报表电子表格，效果如图 5-47 所示。

图 5-47　教师结构工资月报表效果

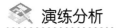演练分析

本演练的操作思路如图 5-48 所示，具体分析及操作如下。

（1）设置表格格式，如边框、字体、对齐方式及表格的行高和列宽等。

（2）为表格插入背景图片，美化表格。

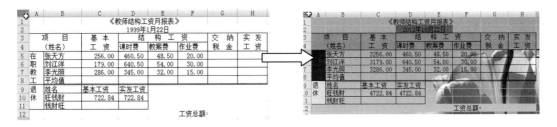

（a）设置表格格式　　　　　　　　　　　　　　　（b）添加背景

图 5-48　美化教师结构工资表操作思路

拓展与提升

根据本模块所学的内容，动手完成以下实践内容。

课后练习1　制作某超市饮料销售统计表

运用制作表格和编辑表格的相关知识，制作一份某超市饮料销售统计表，效果如图 5-49

所示。

课后练习2　制作商店商品一览表

制作一份商店商品一览表，需要用到编辑表格数据和插入艺术字等相关操作，效果如图 5-50 所示。

课后练习3　制作正大电子公司4种商品销售额统计表

本练习需要用到设置表格样式的相关操作，通过设置表格格式和套用表格样式等操作，快速制作一份正大电子公司 4 种商品销售额统计表，效果如图 5-51 所示。

日期：	1999年10月20日		利润率：		30%
名称	包装单位	零售单价	销售量	销售额	利润
可乐	听	3.00	120	360.00	108.00
雪碧	听	2.80	98	274.40	82.32
美年达	听	2.80	97	271.60	81.48
健力宝	听	2.90	80	232.00	69.60
红牛	听	6.00	56	336.00	100.80
橙汁	听	2.60	140	364.00	109.20
汽水	瓶	1.50	136	204.00	61.20
啤酒	瓶	2.00	110	220.00	66.00
酸奶	瓶	1.20	97	116.40	34.92
矿泉水	瓶	2.30	88	202.40	60.72
合	计			2580.80	774.24

图 5-49　某超市饮料销售统计表效果

	A	B	C	D	E	F
1		温馨小商店				
2	水果名称	级别	单价(元)	数量(斤)	金额(元)	推荐指数
3	苹果	1	2	123	200	☆☆☆
4	苹果	2	0.99	214	99	☆☆
5	苹果	3	0.68	234	68	☆☆☆☆☆
6	香蕉	1	1.5	200	150	☆☆
7	香蕉	2	0.78	320	78	☆☆☆
8	荔枝	1	15	405	1500	☆☆☆
9	荔枝	2	12.5	234.5	1250	☆☆☆
10	西瓜	1	2.5	78.8	250	☆☆
11	西瓜	2	1.8	650	180	☆☆☆
12	梨	1	1.5	456.6	150	☆☆☆☆
13	梨	2	0.8	100	80	☆☆☆

图 5-50　商店商品一览表效果

	A	B	C	D	E	F	G	H	I	J	K	L	M	N	O
1	正大电子公司4种商品销售额统计表														
2	单位：（万元）													02/05/98	
3				销　售　总　额											(计算)
4	合计	季度	季度	二 季 度		三 季 度			四 季 度				平		
5		数值	(计算)	(计算)		(计算)			(计算)				均		
6	月份	一月	二月	三月	四月	五月	六月	七月	八月	九月	十月	十一月	十二月		
7	彩电	11	12	13	14		16	17	18		20	21	22	(计算)	
8	冰箱			23	24	25	26	27	28	29	30			(计算)	
9	洗衣机	31	32	33	34	35	36	37	38	39	40	41	42	(计算)	
10	电脑	50	51	52	53	54	55	56	57	58	59	60	61	(计算)	
11			附		表			(上年销售额：923万元)							
12	据总个数			最大数值			最小值			增长百分比					
13	(计算)			(计算)			(计算)			(计算)					

图 5-51　正大电子公司 4 种商品销售额统计表效果

课后练习4　提高编辑和美化电子表格能力

在编辑和美化电子表格时，除了本模块所讲知识外，用户也可以通过上网查阅资料或购买相关书籍来提高编辑和美化电子表格的能力，从而制作出更加精美的电子表格。

模块 6
计算和管理电子表格数据

内容摘要

　　Excel 2010 具有强大的数据计算和管理功能，能轻松地计算大量复杂的数据并有序管理好各种数据信息，包括对表格中的数据进行计算与统计、公式的使用、单元格和区域的使用、函数的应用、数据排序、筛选、分类汇总和数据统计等。本模块将通过 4 个任务介绍计算和管理电子表格数据的方法。

学习目标

　　📖 熟练掌握公式在 Excel 中的使用。
　　📖 熟练掌握管理表格数据的基本操作。
　　📖 熟练掌握汇总数据的方法。
　　📖 掌握制作汇总图表的方法。
　　📖 熟练掌握表格的页面设置。
　　📖 掌握表格的打印操作。

任务1 ▊▊ 计算某班学生期末考核成绩单

任务目标

本任务的目标是通过使用 Excel 中的公式和函数来编辑计算班级期末考核成绩单，效果如图 6-1 所示。通过练习应掌握公式和函数在表格中的使用方法，并掌握公式和函数在表格中的运用。

科目		语文			数学			英语			总分	排名
学号	姓名	期末成绩	学期作业	总分	期末成绩	学期作业	总分	期末成绩	学期作业	总分		
1	王鑫	56	90	63	57	90	64	56	90	63	189	
2	张超	50	80	56	50	80	56	50	80	56	168	
3	谢娜	75	90	78	75	90	78	75	90	78	234	
4	于庆	80	90	82	80	90	82	80	90	82	246	
5	张阳	95	90	94	95	90	94	95	90	94	282	
6	李敏	86	80	85	90	80	88	86	80	85	258	
7	王刚	90	90	90	90	90	90	90	90	90	270	
8	钱雨	66	90	71	66	90	71	66	90	71	212	
9	王丫	90	80	88	90	80	88	90	80	88	264	
10	徐牛		90	63	56	90	63	56	90	63	188	
11	张艺	60	90	66	75	90	78	60	90	66	210	
总分		748	960	835	824	960	851	804	960	835	2522	
平均分		74.8	87.27	76	74.91	87.27	77	73.09	87.27	76	229	
参考人数		10	11	11	11	11	11	11	11	11	33	
及格人数		8	11	10	8	11	10	8	11	10	30	
及格率		80%	100%	91%	73%	100%	91%	73%	100%	91%	2.73	
优秀人数		4	8	3	4	8	4	4	8	3	10	
优秀率		40%	73%	27%	36%	73%	36%	36%	73%	27%	0.91	
最低分		50	80	56	50	80	56	50	80	56	168	
最高分		95	90	94	95	90	94	95	90	94	282	

某班期末考核成绩单

填表说明：及格分为60分，优秀分数为85，个人每科总分是期末成绩的80%，作业20%

图 6-1　班级期末考核成绩单效果

本任务的具体目标要求如下：

（1）熟练掌握公式的使用方法。

（2）熟练掌握函数的使用方法。

专业背景

班级期末考核成绩单是为了统计学生在本学期内知识的掌握情况，计算的具体方法为平时的作业表现和期末试卷成绩按百分比相加。在制作期末考核成绩单时，应包含基本的计算数据，如本例中的原始数据（各科分数）。另外，有时可能会引用其他工作表中的数据，对其成绩进行排名等。

操作思路

本任务的操作思路如图 6-2 所示，涉及的知识点有公式的使用和函数的应用等，具体操作及要求如下：

（1）创建原始数据文件，使用公式计算表中的各项数据。

（2）使用函数计算最高分最低分等。

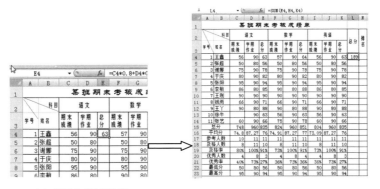

（a）使用公式计算数据　　　　　　（b）使用函数计算数据

图 6-2　制作班级期末考核成绩单操作思路

操作 1　使用公式

（1）创建工作簿，输入原始数据，图 6-3 所示为原始数据，并用模块 5 的知识设置单元格格式，选择 E4 单元格。

		语文			数学			英语				
科目 学号	姓名	期末成绩	学期作业	总分	期末成绩	学期作业	总分	期末成绩	学期作业	总分	总分	排名
1	王鑫	56	90		57	90		56	90			
2	张超	50	80		50	80		50	80			
3	谢娜	75	90		75	90		75	90			
4	于庆	80	90		80	90		80	90			
5	张阳	95	90		95	90		95	90			
6	李敏	86	80		86	80		86	80			
7	王刚		90			90			90			
8	钱雨	66	90		66	90		66	90			
9	王丫	90	80		90	80		90	80			
10	徐牛		90		56	90		56	90			
11	张艺	60	90		75	90		60	90			
总分												
平均分												
参考人数												
及格人数												
及格率												
优秀人数												
优秀率												
最低分												
最高分												

填表说明：及格分为60分，优秀分数为85，个人每科总分是期末成绩的80%，作业20%

图 6-3　原始数据

（2）在"数据编辑框"中输入等号"="，选择 C4 单元格，再在"数据编辑框"中输入乘号"*"，输入数据"0.8"，输入加号"+"，选择 D4 单元格，再输入乘号"*"，输入数据"0.2"，如图 6-4 所示。

（3）按【Enter】键，E4 单元格中将显示公式的计算结果，如图 6-5 所示。

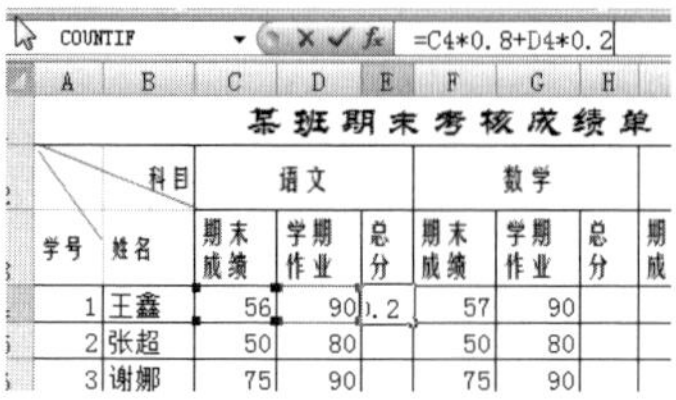

图6-4 输入公式

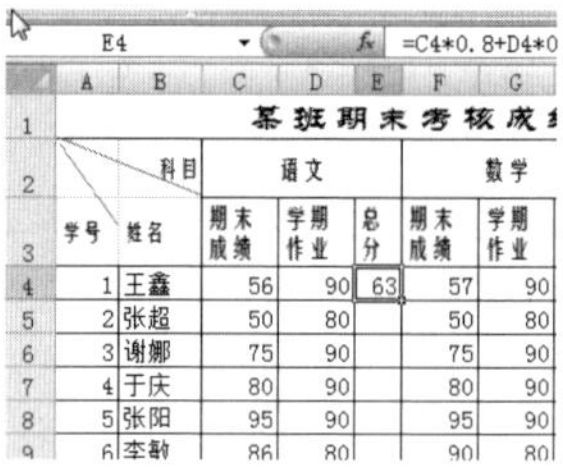

图6-5 公式的计算结果

（4）选择 E4 单元格，将鼠标指针移动到单元格的右下方，当鼠标指针变为 ✚ 形状时，向下拖动控制柄至 E14 单元格，释放鼠标左键，显示并完成公式的复制。

（5）此时 E4：E14 单元格区域将自动计算公式，并显示结果，如图 6-6 所示。

（6）单击"剪贴板"选项组中的"复制"按钮 复制，再单击"粘贴"按钮 粘贴 下方的下拉按钮 ，在"粘贴"中选择"选择性粘贴"选项。

（7）在弹出的"选择性粘贴"对话框的"粘贴"选项组中，选中"数值"单选按钮，单击"确定"按钮，将公式转化为数值，如图 6-7 所示。

（8）用上面的方法求数学和英语的总分。

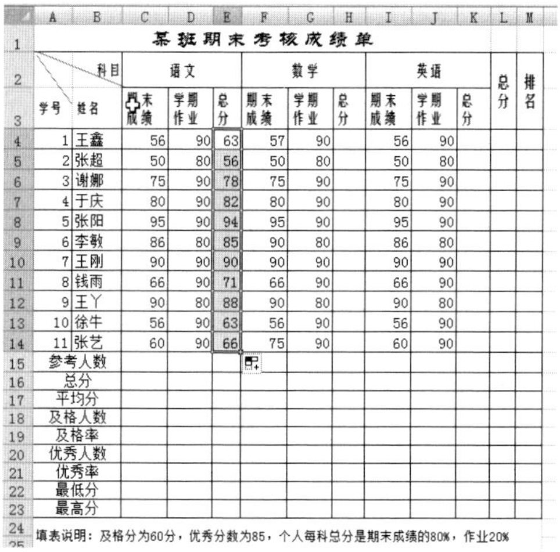

图6-6 复制公式

图6-7 "选择性粘贴"对话框

提示： 要将单元格中的公式和计算结果一起删除，可先选择公式和计算结果所在的单元格，然后按【Delete】键，或者通过"数据编辑栏"的"编辑框"删除公式。

操作2 设置表格

（1）选择 C15 单元格，单击"公式"选项卡，"函数库"选项组中的"自动求和"按钮，系统将自动对该列包含数值的单元格进行求和，如图 6-8 所示。

（2）按【Enter】键，C15 单元格中将显示自动求和的结果，自动求和的结果如图 6-9 所示。

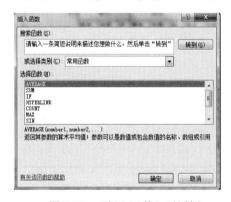

图 6-8　自动求和

图 6-9　自动求和的结果

（3）选择 C15 单元格，将鼠标指针移动到单元格的右下方，当鼠标指针变为 十 形状时，向右拖动控制柄至 K15 单元格，释放鼠标，完成公式的复制。

（4）选择 C16 单元格，单击"编辑栏"中的"插入函数"按钮。

（5）弹出"插入函数"对话框，在"或选择类别"下拉列表中选择"常用函数"选项，在"选择函数"列表框中选择"AVERAGE"选项，如图 6-10 所示，单击"确定"按钮。

（6）弹出"函数参数"对话框，在"Number1"文本框中输入"C4:C14"，如图 6-11 所示。单击"确定"按钮，计算出语文期末成绩的平均分。

（7）将鼠标指针移动到 C16 单元格右下角的填充柄上，按住鼠标左键向右拖动到 K16 单元格中释放，计算出所有科目的平均值。

图 6-10　"插入函数"对话框　　　　　　图 6-11　"函数参数"对话框

（8）选择 C17 单元格，单击"编辑栏"中的"插入函数"按钮。

（9）弹出"插入函数"对话框，在"或选择类别"下拉列表中选择"常用函数"选项，在"选择函数"列表框中选择"COUNT"选项，单击"确定"按钮。

（10）弹出"函数参数"对话框，在"Number1"文本框中输入"C4:C14"，单击"确定"

按钮。

（11）返回工作表，在 C17 单元格中将显示 C4~C14 单元格中不为零的数值个数，即参加考试人数。如果缺考，则相应的单元格空白，COUNT 函数不计数，如图 6-12 所示，如果成绩为零分，则填写"0"，如图 6-13 所示。

C17			▼		f_x	=COUNT(C4:C14)	
	A	B	C	D	E	F	G	H

	科目		语文			数学		
学号	姓名	期末成绩	学期作业	总分	期末成绩	学期作业	总分
1	王鑫	56	90	63	57	90	64
2	张超	50	80	56	50	80	
3	谢娜	75	90	78	75	90	
4	于庆	80	90	82	80	90	82
5	张阳	95	90	94	95	90	
6	李敏	86	90	85	86	90	88
7	王刚	90	90		90	90	90
8	钱雨	66	90	71	66	90	
9	王丫		80	88		80	
10	徐牛		90	63	56	90	63
11	张艺	60	90	66		75	90	78
总分		748	960	835		824	960	851
平均分		74	87.27	76	74.91	87.27	77
参考人数		10	11	11		11	11	11

图 6-12 "COUNT"函数不计空白单元格

C17			▼		f_x	=COUNT(C4:C1	
	A	B	C	D	E	F	G

	科目		语文			数学	
学号	姓名	期末成绩	学期作业	总分	期末成绩	学期作业
1	王鑫	56	90	63	57	90
2	张超	50	80	56	50	80
3	谢娜	75	90	78	75	90
4	于庆	80	90	82	80	90
5	张阳	95	90	94	95	90
6	李敏	86	90	85	86	90
7	王刚	90	90		90	90
8	钱雨	66	90	71	66	90
9	王丫		80	88		80
10	徐牛	0	90	63	56	90
11	张艺	60	90	66	75	90
总分		748	960	835	824	960
平均分		68	87.27	76	74.91	87.27
参考人数		11	11	11	11	11

图 6-13 "COUNT"函数计数值 0

（12）将鼠标指针移动到 C17 单元格右下角的填充柄上，按住鼠标左键向右拖动到 K17 单元格中释放，计算出所有科目的参加考试人数。

（13）选择 C18 单元格，单击"编辑栏"中的"插入函数"按钮。

（14）弹出"插入函数"对话框，在"或选择类别"下拉列表中选择"统计"选项，在"选择函数"列表框中选择"COUNTIF"选项，单击"确定"按钮。

（15）弹出"函数参数"对话框，在"Range"参数框中输入"C4:C14"，在参数"Criteria"文本框中输入""">=60"""，如图 6-14 所示，单击"确定"按钮，将得到 C4~C14 中 60 分及 60 分以上的数值个数。向右复制单元格，计算所有科目的及格人数。

（16）选择 C19 单元格，在"编辑栏"中输入"="，选择 C18 单元格，输入"/"，再选择 C17 单元格，按【Enter】键，C19 单元格中将显示公式的计算结果，用百分比的形式显示计算结果。向右复制单元格，计算所有的及格率。用同样的方法计算优秀人数（85 分以上的学生人数）和优秀率（优秀人数除以参考人数）。

（17）选择 C22 单元格，单击"编辑栏"中的"插入函数"按钮。

（18）弹出"插入函数"对话框，在"或选择类别"下拉列表中选择"统计"选项，在"选择函数"列表框中选择"MIN"选项，单击"确定"按钮。

（19）弹出"函数参数"对话框，在"Number1"参数框中输入"C4:C14"，单击"确定"按钮。计算 C4~C14 中的最低分。向右复制单元格，计算所有科目的最低分。用同样的方法插入"MAX"函数，计算各科目的最高分。

（20）选择 L4 单元格，单击"编辑栏"中的"插入函数"按钮。

（21）弹出"插入函数"对话框，在"或选择类别"下拉列表中选择"常用函数"选项，在"选择函数"列表框中选择"SUM"选项，单击"确定"按钮。

（22）弹出"函数参数"对话框，在"Number1"参数框中输入"E4，H4，K4"，单击"确定"按钮，计算每人最后总分，如图 6-15 所示，向下复制公式，计算所有人的总分。

图 6-14　输入单元格区域和条件　　　　　图 6-15　计算总分结果

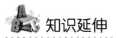

提示： 如果不知道应该用哪个函数进行计算，可以在"插入函数"对话框的"搜索函数"文本框中输入关键字，然后单击"转到"按钮查找相关函数。

知识延伸

本任务练习了在表格中使用公式和函数计算数据的操作，使用公式计算数据时只须选中单元格，然后在单元格中输入公式即可；使用函数计算数据时，需要进行一定的参数设置。常用的函数主要有以下几个，下面分别进行介绍。

1. 求和函数 SUM

SUM 函数用于计算单元格区域中所有数值的和，其参数可以是数值，如 SUM（1，2）表示计算"1+2"的和；也可以是单元格或单元格区域的引用，如 SUM（A3，F7），表示计算 A3+F7，而 SUM（C4:B5）表示计算"C4:B5"区域内所有单元格数值的和。同时，还可以相对或绝对引用其他工作表或工作簿中的单元格或单元格区域。

2. 条件函数 IF

使用 IF 函数可以对数值和公式进行条件判断，根据逻辑计算的真假值返回不同的结果。其方法是选择单元格，单击"插入函数"按钮，弹出"插入函数"对话框，在"选择函数"列表框中选择"IF"选项，单击"确定"按钮，弹出"函数参数"对话框，在"Logical_test"文本框中输入条件，"Value_if_true"文本框中填入条件成立时输入的数据，"Value_if_true"文本框中填入条件不成立时输入的数据，单击"确定"按钮即可。

在图 6-16 所示的 IF 函数应用中，判断 A 列中的成绩是否及格，并把结果写入该成绩的后面的单元格中，即可通过在要显示结果的单元格中输入 IF 函数来实现。条件设置如图 6-16 所示。

图 6-16　IF 函数应用

3. 平均值函数 AVERAGE

AVERAGE 函数用于计算参数中所有数值的平均值，其参数与 SUM 函数的参数类似，选择该函数后单元格中会自动显示计算结果。

4. 最大值函数 MAX 和最小值函数 MIN

MAX 函数可返回所选单元格区域中所有数值中的最大值，MIN 函数是 MAX 函数的反函数，返回所选单元格区域中所有数值中的最小值。它们的语法结构为 MAX 或 MIN（Number1，Number2，……），其中 "Number1，Number2，……" 表示要筛选的 1~30 个数值或引用，如 MAX（C1，C2，C3）表示求 C1、C2 和 C3 单元格中数值的最大值，MIN（C1，C2，C3）表示求 C1、C2 和 C3 单元格中数值的最小值。

另外，除了本例中用到的选择函数外，还可以在函数中嵌套函数，即将一个函数或公式作为另一个函数的参数使用。在使用嵌套函数时应该注意，返回值类型需要符合函数的参数类型，如参数为整数值，则嵌套函数也必须返回整数值，否则 Excel 将显示#VALUE!错误值。嵌套函数中的参数最多可嵌套 64 个级别的函数。

当在工作表中多处使用公式或函数时，为了查看公式的输入是否正确，可在工作表中将公式显示出来，即单击 "公式" 选项卡 "公式审核" 选项组中的 "显示公式" 按钮。

任务小结

通过本任务的学习应掌握公式和函数的使用方法。

任务 2　分析彩电各季度销售数量

任务目标

本任务的目标是运用记录单记录表格数据并对表格数据进行排序、筛选、分类汇总等操作，分析彩电各季度销售数量，效果如图6-17所示，通过练习应掌握管理表格数据的方法。

品牌	第一季度	第二季度	第三季度	第四季度	市场占有率	交易额	业务员
蓝天家电城彩电销售情况统计表							
海信彩电	85000	80000	78000	86000	0.0177	1952005	王文颖
海信彩电	65000	54000	85000	65000	0.0184	1151418	韩广慧
海信彩电	86000	65000	98000	54000	0.0191	1350831	陈志颖
海信彩电	86001	65001	98000	54000	0.0218	1123568	董秀艳
海信彩电	65001	54001	85000	65000	0.0245	1156923	徐向欣
海信彩电	85001	80001	78000	86000	0.0272	1175380	张蕊
海信彩电	85002	80002	78000	86000	0.0632	1236987	霍清枝
海信彩电	86002	65002	98000	54000	0.0988	1232364	刘吉元
海信彩电	65002	54002	85000	65000	0.1049	1235656	邹瑞霞
海信彩电 计数	9	9	9	9		9	
康佳彩电	38001	28000	24000	34000	0.0156	1176930	王彩艳
康佳彩电	26001	25501	24000	29000	0.0163	1756009	刘志颖
康佳彩电	24001	25001	25500	26000	0.017	1752592	门秀华
康佳彩电	24003	25003	25500	26000	0.0215	1235698	庞彩霞
康佳彩电	30000	32000	28000	45000	0.0219	1448483	庞会敬
康佳彩电	26000	25500	24000	29000	0.0226	1447896	李志影
康佳彩电	24000	25000	25500	26000	0.0233	1347309	王妍
康佳彩电	38002	28002	24000	34000	0.0263	1237664	苗志广
康佳彩电	26002	25502	24000	29000	0.0281	1233674	徐峰波
康佳彩电	24002	25002	25500	26000	0.0299	1233664	李晓燕
康佳彩电 计数	10	10	10	10		10	
长虹彩电	54000	55000	56000	68000	0.0198	1550244	冯雯雯
长虹彩电	56000	56600	65000	70000	0.0205	1749657	马亚丹
长虹彩电	54002	55002	56000	68000	0.0227	1123698	于长宏
长虹彩电	56002	56602	56000	70000	0.0245	1123689	王文强
长虹彩电	23000	24000	25000	26000	0.0276	1234567	王文雅
长虹彩电	54001	55001	56000	68000	0.0407	1112560	于亚洁
长虹彩电	56001	56601	65000	70000	0.0596	1193132	张晓宇
长虹彩电 计数	7	7	7	7		7	
总计数	26	26	26	26		26	

图6-17 分析彩电各季度销售数量

本任务的具体目标要求如下：

（1）掌握记录单的使用方法。

（2）熟练掌握在表格中数据的排序和筛选方法。

（3）熟练掌握分类汇总的操作方法。

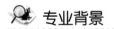

专业背景

在本任务的操作中，需要了解数据的筛选和分类汇总在表格中的作用，当表格中统计的数据较多而且种类繁多时，为了方便查找数据，可以对表格进行数据筛选和分类汇总，使用户在查找时更加方便，同时也使表格更有条理性。

操作思路

本任务的操作思路如图6-18所示，涉及的知识点有记录单的使用、在表格中排序和筛选数据、分类汇总数据等操作，具体思路及要求如下：

（1）使用记录单管理表格中的数据。

（2）排序和筛选表格中的数据。

（3）分类汇总表格中的数据。

| （a）使用记录单 | （b）排序和筛选表格数据 | （c）分类汇总表格数据 |

图6-18　分析彩电各季度销售数量操作思路

操作1　　使用记录单

利用记录单，我们可以对数据清单进行增加记录、查找记录、修改记录、删除记录等操作。下面介绍使用记录单的操作步骤。

（1）打开"彩电销售分析"电子表格，单击快速访问工具栏最右边的按钮，在弹出的下拉列表中选择"其他命令…"选项。

（2）在弹出的"Excel选项"对话框中，选择"快速访问工具栏"的"从下列位置选择命令"下拉列表中选择"所有命令"选项，在弹出的列表框中的"记录单"选项，单击"添加"按钮，将其添加到右侧的列表框中，如图6-19所示。

图6-19　添加"记录单"

（3）单击"确定"按钮，选择 A3：H28 单元格区域中的任意单元格，单击快速访问工具栏中的"记录单"按钮。

（4）在弹出的对话框中单击"新建"按钮，弹出"新建记录"对话框，在其中输入相应的数据信息，如图6-20所示。

（5）完成数据输入后，按【Enter】键，可以继续输入另一名员工的销售情况，也可以进行其他操作。

（6）单击"条件"按钮，弹出输入查找条件的对话框，在"业务员"文本框中输入"王文雅"，按【Enter】键，Excel将自动查找符合条件的记录并显示出来，如图6-21所示。

（7）单击"删除"按钮，弹出"提示"对话框，单击"确定"按钮将其删除，如图6-22所示，然后单击"关闭"按钮，即可将"记录单"对话框关闭。

图6-20　"新建记录"对话框　　　图6-21　查找记录　　　图6-22　删除记录

提示： 如果把查找条件由"业务员"变成"品牌"，即在"品牌"文本中输入"长虹彩电"，按【Enter】键，因为符合条件的记录有多条，此时会显示其中的一条记录，然后可以通过"上一条"和"下一条"按钮来查看其他符合条件的记录。

操作2　排序和筛选数据

（1）打开"彩电销售分析"电子表格，选择任意一个有数据的单元格。

（2）单击"数据"选项卡"排序和筛选"选项组中的"排序"按钮，弹出"排序"对话框，在"主要关键字"下拉列表中选择"市场占有率"选项，在"次序"下拉列表中选择"升序"选项，如图6-23所示。

图6-23　设置排序条件

（3）单击"确定"按钮，完成排序操作，效果如图 6-24 所示。

蓝天家电城彩电销售情况统计表

品牌	第一季度	第二季度	第三季度	第四季度	市场占有率	交易额	业务员
康佳彩电	38001	28000	24000	34000	0.0156	1176930	王彩艳
康佳彩电	26001	25501	24000	29000	0.0163	1756009	刘志颖
康佳彩电	24001	25001	25500	26000	0.017	1752592	门秀华
海信彩电	85000	80000	78000	86000	0.0177	1952005	王文颖
海信彩电	65000	54000	85000	65000	0.0184	1151418	韩广慧
海信彩电	86000	65000	98000	54000	0.0191	1350831	陈志颖
长虹彩电	54000	55000	56000	68000	0.0198	1550244	冯雯雯
长虹彩电	56000	56600	65000	70000	0.0205	1749657	马亚丹
康佳彩电	38000	28000	24000	34000	0.0212	1649070	陈欢欢
康佳彩电	24003	25003	25500	26000	0.0215	1235698	庞彩霞
海信彩电	86001	65001	98000	54000	0.0218	1123568	董秀艳
康佳彩电	30000	32000	28000	45000	0.0219	1448483	庞会敏
康佳彩电	26000	25500	24000	29000	0.0226	1447896	李志影
长虹彩电	54002	55002	56000	68000	0.0227	1123698	于长宏
康佳彩电	24000	25000	25500	26000	0.0233	1347309	王妍
海信彩电	65001	54001	85000	65000	0.0245	1156923	徐向欣
长虹彩电	56002	56602	65000	70000	0.0245	1123689	王文强
康佳彩电	38002	28002	24000	34000	0.0263	1237664	苗志广
海信彩电	85001	80001	78000	86000	0.0272	1175380	张蕊
康佳彩电	26002	25502	24000	29000	0.0281	1233674	徐峰波
康佳彩电	24002	25002	25500	26000	0.0299	1233664	李晓燕
长虹彩电	54001	55001	56000	68000	0.0407	1112560	于亚洁
长虹彩电	56001	56601	65000	70000	0.0596	1193132	张晓宇
海信彩电	85000	80002	78000	86000	0.0632	1236987	霍清枝
海信彩电	86002	65002	98000	54000	0.0988	1232364	刘吉元
海信彩电	65002	54002	85000	65000	0.1049	1235656	邹瑞霞

Sheet1　Sheet2　Sheet3

图 6-24　排序效果

> **提示：** 在表格中可以对数字、文本、日期、时间等数据进行排序。文本按拼音的首字母进行排序；日期和时间按时间的早晚进行排序。如果进行排序的单元格旁边的单元格中有数据，那么选择排序选项后将弹出"排序提醒"对话框。

（4）选择任意一个有数据的单元格，单击"数据"选项卡"排序和筛选"选项组中的"筛选"按钮。

（5）此时在每个表头的右边都会出现"下拉箭头"按钮，单击需要进行筛选数据表头右侧的下拉按钮，这里单击"第四季度"右侧的下拉按钮，在弹出的快捷菜单中，选择"数字筛选"→"大于"选项，如图 6-25 所示。

（6）弹出"自定义自动筛选方式"对话框，在第一行的第一个下拉列表中选择"大于"选项，在其后的下拉列表中输入"26000"，如图 6-26 所示。

（7）单击"确定"按钮，在工作表中将只显示第四季度中销售量大于 26000 的相关数据，并且"第四季度"字段名右侧的按钮将变成按钮，筛选数据效果如图 6-27 所示。

图6-25　"大于"选项　　　　　　　图6-26　"自定义自动筛选方式"对话框

图6-27　筛选数据效果

操作3　销售数据分类汇总

（1）单击"数据"选项卡"排序和筛选"选项组中的"筛选"按钮，取消对表格数据的筛选。单击"排序"按钮，弹出"排序"对话框，在"主要关键字"下拉列表中选择"品牌"选项，在"次序"下拉列表中选择"升序"选项，单击"确定"按钮进行排序。

（2）选择A3：H28单元格区域中的任意单元格，单击"数据"选项卡"分级显示"选项组中的"分类汇总"按钮。

（3）弹出"分类汇总"对话框，在"分类字段"下拉列表中选择"品牌"选项，在"汇总方式"下拉列表中选择"计数"选项，在"选定汇总项"列表框选中"第一季度"、"第二季度"、"第三季度"、"第四季度"和"交易额"复选框，其他各项设置保持不变，如图 6-28 所示。

（4）单击"确定"按钮，完成分类汇总，这样相同"品牌"汇总结果将显示在相应的品牌数据下方，并将所有交易额进行总计且显示在工作表的最后一行，分类汇总效果如图 6-29 所示。

图 6-28 "分类汇总"对话框

图 6-29 分类汇总效果

 知识延伸

本任务练习了在表格中对数据进行排序、筛选及分类汇总的操作方法。另外，在排序时，如果只按一个条件进行排序，一般可通过按钮进行快速排序，具体方法是选择需要进行排序区域的任意单元格，单击"排序和筛选"选项组中的升序按钮 或降序按钮 。在分类汇总时，需要注意的是，分类汇总前必须先将数据进行排序，当不需要分类汇总时，可以将其删除，删除分类汇总的方法是单击"分级显示"选项组中的"分类汇总"按钮，在弹出的"分类汇总"对话框中单击"全部删除"按钮。

除了本任务介绍的管理表格数据的方法外，还可以通过按钮进行排序，以及使用自定义排序和筛选，下面进行详细介绍。

1. 自定义排序

自定义排序就是按照用户自行设置的条件对数据进行排序，具体操作方法如下。

（1）选择需要进行排序的单元格区域，单击"数据"选项卡"排序和筛选"选项组中的"排序"按钮 ，弹出"排序"对话框，单击"选项"按钮，弹出"排序选项"对话框，在其中可以设置区分大小写、排序方向和排序方法等，如图 6-30 所示，设置完成后单击"确定"按钮，返回"排序"对话框。

（2）在"排序"对话框中，设置"主要关键字"和"排序依据"，在"次序"下拉列表中选择"自定义序列"选项，单击"确定"按钮。

（3）弹出"自定义序列"对话框，在"自定义序列"列表中可以选择已有的排序方式，也可以在"输入序列"文本框中输入自定义的排序方式，如图 6-31 所示，然后单击"添加"按钮，单击"确定"按钮，返回"排序"对话框。

图 6-30 "排序选项"对话框

图 6-31 "自定义序列"对话框

（4）此时，"排序"对话框中"次序"下拉列表中将显示自定义设置的次序，单击"确定"按钮，关闭对话框。

2. 自定义筛选

自定义筛选功能是在自动筛选的基础上进行操作的，即单击需要自定义筛选的字段名右侧的 ▼ 按钮，在弹出的下拉列表中选择"自定义筛选"选项，弹出"自定义自动筛选方式"对话框，在其中进行相应的设置即可，如图 6-32 所示。

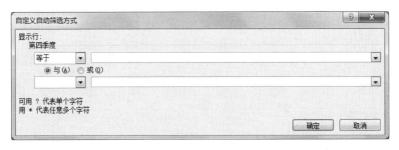

图 6-32 "自定义自动筛选方式"对话框

 任务小结

通过本任务的学习应学会使用记录单，会在表格中排序和筛选数据，会在表格中分类汇总数据。

任务3 ▌▌ **制作彩电销售汇总图表**

任务目标

本任务的目标是将数据分类汇总后制作汇总图表，效果如图 6-33 所示。通过练习应掌握在表格中制作和编辑图表的方法。

本任务的具体目标要求如下：

（1）掌握在表格中对数据进行分类汇总的方法。

（2）掌握在表格中制作汇总图表的操作。

蓝天家电城彩电销售情况统计表

品牌	第一季度	第二季度	第三季度	第四季度	市场占有率	交易额	业务员
海信彩电	86000	65000	98000	54000	0.0191	1350831	陈志颖
海信彩电	65000	54000	85000	65000	0.0184	1151418	韩广慧
海信彩电	85000	80000	78000	86000	0.0177	1952005	王文颖
海信彩电	86001	65001	98000	54000	0.0218	1123568	董秀艳
海信彩电	65001	54001	85000	65000	0.0245	1156923	徐向欣
海信彩电	85001	80001	78000	86000	0.0272	1175380	张蕊
海信彩电汇总	472003	398003	522000	410000			
康佳彩电	24000	25000	25500	26000	0.0233	1347309	王妍
康佳彩电	26000	25500	24000	29000	0.0226	1447896	李志彤
康佳彩电	38001	28000	24000	34000	0.0156	1176930	王彩艳
康佳彩电	24002	25002	25500	26000	0.0299	1233664	李晓燕
康佳彩电	26002	25502	24000	29000	0.0281	1233674	徐峰波
康佳彩电	38002	28002	24000	34000	0.0263	1237664	苗志广
康佳彩电	24003	25003	25500	26000	0.0215	1235698	庞彩霞
康佳彩电汇总	200010	182009	172500	204000			
长虹彩电	56000	56600	65000	70000	0.0205	1749657	马亚丹
长虹彩电	54000	55000	56000	68000	0.0198	1550244	冯雯雯
长虹彩电	56001	56601	65000	70000	0.0596	1193132	张晓宇
长虹彩电	54001	55001	56000	68000	0.0407	1112560	于亚洁
长虹彩电	56002	56602	65000	70000	0.0245	1123689	王文强
长虹彩电	54002	55002	56000	68000	0.0227	1123698	于长宏
长虹彩电汇总	330006	334806	363000	414000			
总计	1002019	914818	1057500	1028000			

图 6-33　彩电销售汇总图表效果

操作思路

本任务的操作思路如图 6-34 所示，涉及的知识点有制作汇总图表和对汇总图表进行编辑等，具体思路及要求如下：

（1）在表格中制作汇总图表。

（2）对制作的汇总图表进行编辑。

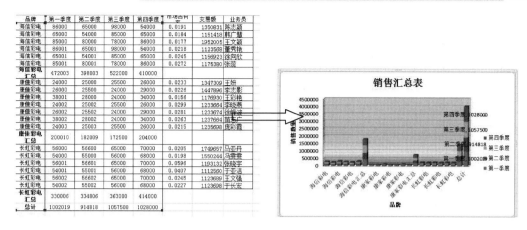

图6-34 制作彩电销售汇总图表操作思路

操作1 制作汇总图表

（1）打开本模块任务2中进行分类汇总后的"彩电销售分析"工作簿，单击"分类汇总"按钮，在弹出的对话框中单击"全部删除"按钮，取消当前的分类汇总。将9、10、11三条海信电视的记录删除，再将12、13、14、15四条康佳彩电的记录删除（这里删除一些记录，是因为了更好地查看效果。然后重新对数据进行汇总，汇总项为"第一季度"、"第二季度"、"第三季度"和"第四季度"，"汇总方式"为"求和"，然后选中A2:E25单元格区域，单击"插入"选项卡"图表"选项组中右下角的按钮，弹出"更改图表类型"对话框。

（2）在左侧的列表框中选择"柱形图"选项，在右侧打开的列表框中选择需要的图表样式，如图6-35所示。

（3）单击"确定"按钮，此时将在工作表中插入所选样式的图表，然后在工作表的空白处单击，确认创建的图表，插入的汇总图表如图6-36所示。

图6-35 选择图表样式

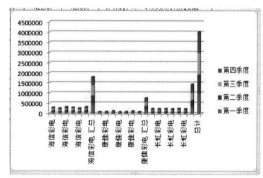

图6-36 插入的汇总图表

操作2 编辑图表

（1）选中表格中的图表，将光标移动到图表周围的4个角点上，当鼠标指针变成双箭头时，拖动鼠标可调整图表大小。

（2）在选中图表的情况下，会在功能区的右侧临时出现一个名叫"图表工具"动态选项卡，它由"设计"、"布局"和"格式"三部选项组成。单击"设计"选项卡"图表布局"选项组中的"快速布局"按钮，在弹出的下拉列表中选择"布局 6"选项，在图表的相应位置输入图表标题和坐标标题，图表布局如图 6-37 所示。

（3）单击"布局"选项卡"坐标轴"选项组中的"网格线"按钮，在弹出的列表框中，选择"主要横网格线"→"主要网格线和次要网格线"选项。

（4）单击"布局"选项卡"背景"选项组中的"图表背景墙"按钮，在弹出的下拉列表中选择"其他背景墙选项"选项，弹出"设置背景墙格式"对话框，并按图 6-38 进行设置。

预设颜色为"碧海青天"。

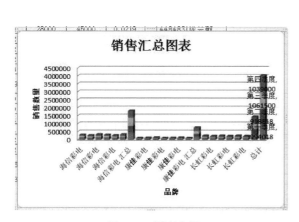

图 6-37　图表布局

图 6-38　"设置背景墙格式"对话框

（5）单击"关闭"按钮，为图表添加背景墙，效果如图 6-39 所示。

（6）选中图表，单击"布局"选项卡"标签"选项组中的"图例"按钮，在弹出的列表框中选择"在右侧显示图例"选项，为图表添加图例，效果如图 6-40 所示。

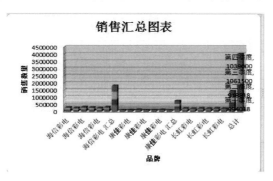

图 6-39　添加图表背景墙效果

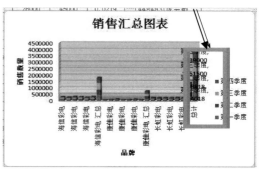

图 6-40　添加图例效果

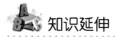 知识延伸

本任务练习了在表格中通过制作汇总图表直观地展现表格中数据的操作。

另外，在"更改图表类型"对话框中，有多种图表类型，下面分别介绍其特点。

◆ 柱形图：即直方图，表示不同项目间的比较结果，也可说明某时间段内的数据变化。

◆ 折线图：常用于描绘连续数据系列，确定数据的发展趋势。

◆ 饼图和圆环图：常用于表示总体与部分的比例关系，但饼图只能表示一个数据系列，而圆环图可表示多个数据系列。

◆ 条形图：表示各个项目之间的比较情况，主要强调各个值之间的比较，不强调时间。

◆ 面积图：显示各数据系列与整体的比例关系，强调数据随时间的变化幅度。

◆ 散点图：比较在不均匀时间或测量间隔段的数据变化趋势。

◆ 股价图：经常用来显示股价的波动，也用于科学数据，如表示每天或每年温度的波动。创建股价图时，必须按正确的顺序组织数据才能创建。

◆ 曲面图：显示连接一组数据点的三维曲面，当需要比较两组数据的最优组合时，曲面图较为适合。

◆ 气泡图：数据标记的大小反映第三个变量的大小，气泡图应包括3行或3列。

◆ 雷达图：适合比较若干数据系列的聚合值。

除了利用本任务中介绍的制作汇总图表来直观展现数据外，还可以为表格创建数据透视表，快速汇总大量数据，以交互式方法深入分析数值数据。

为表格创建数据透视表的具体操作方法如下（创建前要对数据进行相应的排序，并删除数据的分类汇总）。

（1）选择需要插入数据透视表的单元格，单击"插入"选项卡"表格"选项组中的"数据透视表"按钮，在弹出的下拉列表中选择"数据透视表"选项。

（2）弹出"创建数据透视表"对话框，选中"请选择要分析的数据"选项组中的"选择一个表或区域"单选按钮，单击"表/区域"文本框后的 📰 按钮。

（3）选择需要用来创建数据透视表的单元格区域，然后单击对话框中的 📰 按钮，返回"创建数据透视表"对话框。

（4）选中"选择放置数据透视表的位置"选项栏中的"现有工作表"单选按钮，单击"位置"文本框后的 📰 按钮。

（5）选择数据透视表放置的位置，单击对话框中的 📰 按钮，返回"创建数据透视表"对话框，如图6-41所示，然后单击"确定"按钮，关闭该对话框。

（6）打开"数据透视表字段列表"任务窗格，在其中的"选择要添加到报表的字段"栏中选中需要显示的报表字段，这里我们把品牌拖到"列标签"，把"第一季度"、"交易额"拖放到数值区，从而完成各品牌对这两个字段信息的汇总。

（7）单击任意单元格，"数据透视表字段列表"任务窗格将自动关闭，在选择的放置数据透视表的单元格中会显示刚插入的数据透视表，效果如图6-42所示。

图 6-41 "创建数据透视表"对话框

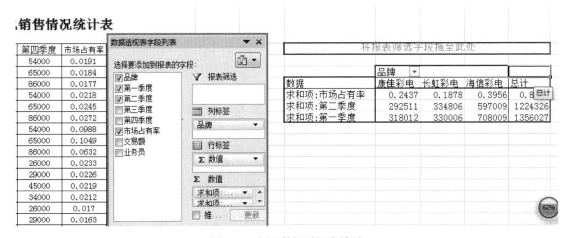

图 6-42 插入数据透视表效果

通过本任务的学习，应掌握制作汇总图表的方法。

任务4 打印彩电各季度销售统计表

任务目标

本任务的目标是通过对表格的页面进行设置，然后进行打印表格，包括设置页眉和页脚，设置表头和分页符及调整页边距等，最后进行打印预览，预览无误后进行打印输出，效果如图，6-43 所示。通过练习应掌握在 Excel 中打印表格的方法。

本任务的具体目标要求如下：

（1）掌握设置页眉和页脚的方法。

（2）了解设置表头和分页符的方法。

（3）掌握打印表格的操作方法。

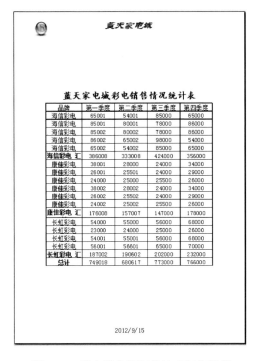

图 6-43　彩电销售情况统计表打印效果

操作思路

本任务的操作思路如图 6-44 所示，涉及的知识点有设置页眉和页脚、设置表头和分页符及打印电子表格等操作，具体思路及要求如下：

（1）为电子表格设置页眉和页脚。

（2）设置表头和分页符。

（3）打印表格。

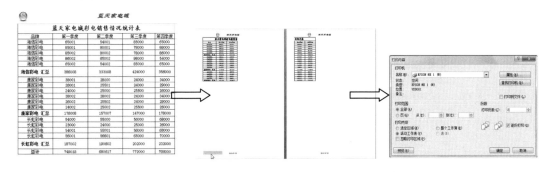

（a）设置页眉和页脚　　　　　　　（b）设置表头和分页符　　　　　　（c）打印表格

图 6-44　打印销售业绩表操作思路

操作 1 设置页眉和页脚

（1）打开本模块任务 3 中的"彩电销售分析汇总表"工作簿，单击"页面布局"选项卡"页面设置"选项组右下角的"对话框启动器"按钮 📑 。

（2）弹出"页面设置"对话框，选择"页眉/页脚"选项卡，如图 6-45 所示。

（3）单击"自定义页眉"按钮，弹出"页眉"对话框，在"中"文本框中输入"蓝天家电城"，如图 6-46 所示。

图 6-45 "页面设置"对话框

图 6-46 "页眉"对话框

（4）选中"蓝天家电城"几个字，单击"格式文本"按钮 **A**，弹出"字体"对话框，设置文本的字体为"华文隶书"、字形为"加粗/倾斜"、字号为"12"、颜色为"深蓝色"，如图 6-47 所示，单击"确定"按钮。

（5）返回"页眉"对话框，将文本插入点定位在"左"文本框中，单击"插入图片"按钮 🖼，弹出"插入图片"对话框，选择需要插入的图片，如图 6-48 所示，单击"插入"按钮。

图 6-47 "字体"对话框

图 6-48 "插入图片"对话框

（6）返回"页眉"对话框，完成设置效果如图 6-49 所示，单击"确定"按钮，返回"页眉/页脚"对话框，单击"确定"按钮，返回工作表。

（7）单击"插入"选项卡"文本"选项组中的"页眉和页脚"按钮 。

（8）工作表自动进入页眉和页脚编辑状态，且当前功能区为"设计"选项卡，选中页眉左侧的图片，单击"页眉和页脚元素"选项组中的"设置图片格式"按钮 。

（9）弹出"设置图片格式"对话框，选择"大小"选项卡，在"比例"选项组中的"高度"数值框中输入"60%"，如图6-50所示。

图6-49　"页眉"对话框

图6-50　"设置图片格式"对话框

（10）单击"确定"按钮，插入页眉的效果如图6-51所示。

（11）单击"设计"选项卡"导航"选项组中的"转至页脚"按钮 ，然后单击"页眉和页脚元素"选项组中的"当前日期"按钮 ，在页脚处插入当前系统的日期，可用空格来调整插入日期的位置。插入页脚的效果如图6-52所示。

> **提示：** 在"页眉"和"页脚"数值框中可以设置页眉和页脚区域与纸张顶部和底部的距离，通常这两个数值应小于相应的页边距，以免页眉和页脚覆盖工作表数据。页眉和页脚都独立于工作表数据，只有在打印预览状态或已被打印输出的工作表中才会显示。

图6-51　插入页眉效果

图6-52　插入页脚效果

操作2　设置表头和分页符

（1）单击"页面布局"选项卡"页面设置"选项组中的"打印标题"按钮 ，弹出"页面设置"对话框。

（2）单击"打印标题"选项组中"顶端标题行"文本框右侧的 ⬛ 按钮，在工作表中选择需要打印的表头，单击 ⬛ 按钮，返回"页面设置"对话框，如图 6-53 所示，单击"确定"按钮。

（3）选择 D21 单元格，单击"页面设置"选项组中的"分页符"按钮，在弹出的下拉列表中选择"插入分页符"选项。

（4）选择"文件"选项卡中的"打印"按钮，可查看插入分页符效果，如图 6-54 所示。插入分页符后，Excel 将自动按选定单元格的左边框和上边框，将工作表划分为多个打印区域。

操作 3　打印预览

（1）单击"页面设置"选项组中的"分页符"按钮，在弹出的下拉列表中选择"删除分页符"选项。

（2）单击"文件"选项卡中的"打印"按钮，打开打印窗口。在该窗口的左侧是打印设置选项，在右侧则是打印预览效果。

图 6-53　"页面设置"对话框　　　　　图 6-54　插入分页符效果

（3）单击窗口左侧最下方的"页面设置"按钮，弹出"页面设置"对话框，选择"页面"选项卡，在"缩放"选项组中的"缩放比例"数值框中输入"150"，设置打印预览时的缩放比例。

（4）选择"页边距"选项卡，设置"上"、"下"、"左"、"右"页边距的值，在"居中方式"中选中"水平"和"垂直"复选框，如图 6-55 所示。

（5）单击"确定"按钮，可在窗口右侧直接查看打印预览的效果，如图 6-56 所示，选择"开始"选项卡，返回到工作表中。

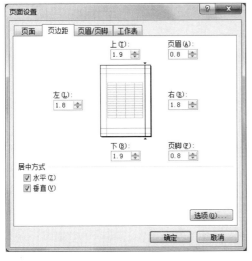

图 6-55 "页边距"选项卡

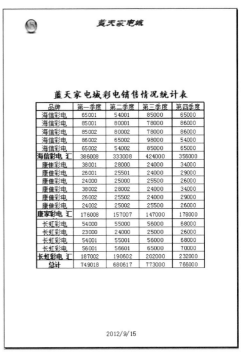

图 6-56 打印预览效果

操作 4 打印工作表

（1）单击"文件"选项卡中的"打印"按钮，打开打印窗口，如图 6-57 所示。

（2）单击"打印机"选项组右侧的下拉按钮，选择需要使用的打印机。

（3）在"份数"文本框中输入"1"，预览打印效果，确定无误后单击"打印"按钮即可完成打印。

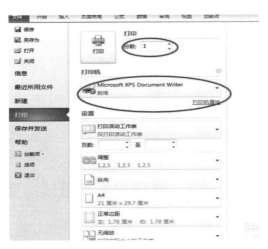

图 6-57 打印设置

知识延伸

本任务练习了打印电子表格的相关知识，包括页面设置、分页符和表头设置、打印预览等。除了本任务所讲解的知识外，还可以设置表格的主题和纸张的大小、方向等，下面分别进行介绍。

1. 设置表格主题

表格主题是一组统一归类的设计元素。通过设置表格主题可以快速并轻松地设置整个表格的样式，使其具有专业和时尚的外观。可以在"页面布局"选项卡的"主题"选项组中，通过下面两种方式来设置打印主题。

◆ 应用预定义主题。单击"主题"按钮 文本 ，在弹出的下拉列表中，选择一种预定义主题、工作表中的数据，包括图表将应用该主题的字体格式、颜色等效果等样式。

◆ 自定义打印主题。在"主题"选项组中，分别单击"颜色"、"字体"及"效果"按钮，在弹出的下拉列表中选择主题的颜色、文字字体及效果等。

2. 设置纸张大小和方向

设置纸张包括设置纸张大小和设置纸张方向两个方面。

（1）设置纸张大小。单击"页面设置"功能组中的"纸张大小"按钮，在弹出的下拉列表中，选择已经定义好的纸张大小，或者选择"其他纸张大小"选项，在弹出的对话框中自定义纸张大小。

（2）设置纸张方向。单击"页面设置"选项组中的"纸张方向"按钮，在弹出的下拉列表中选择"纵向"或"横向"选项。

在打印时，也可以打印表格的部分区域，选择需要打印的单元格区域，单击"页面布局"选项卡"页面设置"选项组中的"打印区域"按钮，在弹出的下拉列表中选择"设置打印区域"选项。此时，在所选区域四周将显示虚线框，表示将打印该区域，单击"文件"选项卡中的"打印"按钮。

当表格内容较少时，可增大表格的行高和列宽并居中显示或放大打印；当表格的列数较多时可横向打印表格；当表格有多页时可设置打印表头。

任务小结

通过本任务的学习，应学会设置打印页面（包括页眉和页脚、页边距等），学会设置表头和分页符。

实战演练 1　管理学生英语成绩登记表

演练目标

本演练要求利用公式和函数的相关知识，计算学生英语成绩登记表中的数据，效果如

图 6-58 所示。通过本演练应掌握公式和函数在表格中的应用。

姓名	口语	语法	听力	作文	总分
刘凯华	70	90	73	90	323
张小名	80	60	75	40	255
王国军	56	50	68	50	224
李丽江	80	70	85	50	285
江成信	68	70	50	78	266
李群发	90	80	96	85	351
刘天华	70	90	73	90	323
张大名	80	60	75	40	255
王小军	56	50	68	50	224
李丽英	80	70	85	50	285
江成高	68	70	50	78	266
李群芳	90	80	96	85	351
陈刘华	70	90	73	90	323
周大量	80	60	75	40	255
宫康复	56	50	68	50	224
吴小丽	80	70	85	50	285
江大成	68	70	50	78	266
周乐群	90	80	96	85	351
平均分	74	70	74.5	65.5	

图 6-58 计算学生英语成绩表效果

演练分析

本演练的操作思路如图 6-59 所示，具体分析及思路如下。

（1）创建 Excel 文件，输入成绩数据，利用公式计算出每个学生的"总分"（总分 = 口语 +语法+听力+作文）。

（2）使用函数计算全班各部分的平均分。

（a）使用公式计算总分　　　　　　　（b）使用函数计算平均分

图 6-59 计算学生英语成绩表操作思路

实战演练2　管理推销人员奖金计算表

演练目标

本演练要求通过对表格中的数据进行排序、筛选及分类汇总等操作，管理推销人员奖金计算表数据，效果如图 6-60 所示。

姓名	科室	产品数量	单价	销售额	奖金提成（销售额3%）
高宝根	计划组	150	¥800.00	¥120,000.00	¥3,600.00
黄鸣放	计划组	200	¥890.00	¥178,000.00	¥5,340.00
毛阿敏	计划组	350	¥660.00	¥231,000.00	¥6,930.00
张侠	计划组	300	¥880.00	¥264,000.00	¥7,920.00
汪雄高	计划组	510	¥660.00	¥336,600.00	¥10,098.00
周卫东	计划组	500	¥800.00	¥400,000.00	¥12,000.00
计划组汇总		2010	¥4,690.00	¥1,529,600.00	¥45,888.00
陈云竹	开发组	80	¥790.00	¥63,200.00	¥1,896.00
宋祖明	开发组	100	¥890.00	¥89,000.00	¥2,670.00
杨铁	开发组	150	¥890.00	¥133,500.00	¥4,005.00
白雪	开发组	210	¥790.00	¥165,900.00	¥4,977.00
计滩坊	开发组	350	¥790.00	¥276,500.00	¥8,295.00
彭里虎	开发组	410	¥790.00	¥323,900.00	¥9,717.00
开发组汇总		1300	¥4,940.00	¥1,052,000.00	¥31,560.00
王孟	科研组	80	¥890.00	¥71,200.00	¥2,136.00
李红兵	科研组	210	¥690.00	¥144,900.00	¥4,347.00
陈水君	科研组	500	¥350.00	¥175,000.00	¥5,250.00
陈红利	科研组	250	¥890.00	¥222,500.00	¥6,675.00
金亦坚	科研组	300	¥890.00	¥267,000.00	¥8,010.00
姚至朋	科研组	1000	¥350.00	¥350,000.00	¥10,500.00
科研组汇总		2340	¥4,060.00	¥1,230,600.00	¥36,918.00
总计		5650	¥13,690.00	¥3,812,200.00	¥114,366.00

图 6-60　管理推销人员奖金计算表效果

演练分析

本演练的操作思路如图 6-61 所示，具体分析及思路如下。

（a）按科室排序　　　　　　　（b）筛选数据　　　　　　　（c）分类汇总数据

图 6-61　管理推销人员奖金计算表操作思路

（1）创建"推销人员奖金计算表"文件，按图 6-62 所示，输入数据，如姓名、科室、产品数量和产品单价等。

推销人员奖金计算表					
姓名	科室	产品数量	单价	销售额	奖金提成（销售额3%）
陈云竹	开发组	80	¥790.00		
宋祖明	开发组	100	¥890.00		
杨铁	开发组	150	¥890.00		
白雪	开发组	210	¥790.00		
计滩坊	开发组	350	¥790.00		
彭里虎	开发组	410	¥790.00		
高宝根	计划组	150	¥800.00		
黄鸣放	计划组	200	¥890.00		
毛阿敏	计划组	350	¥660.00		
张侠	计划组	300	¥880.00		
汪雄高	计划组	510	¥660.00		
周卫东	计划组	500	¥800.00		
王孟	科研组	80	¥890.00		
李红兵	科研组	210	¥690.00		
陈水君	科研组	500	¥350.00		
陈红利	科研组	250	¥890.00		
金亦坚	科研组	300	¥890.00		
姚至朋	科研组	1000	¥350.00		

图 6-62　推销人员奖金计算表

（2）用公式计算每人的销售额及奖金提成。

（3）以"科室"为主要关键字、"奖金提成"为次要关键字对表格中的数据进行升序排序。

（4）筛选表格中"奖金提成"大于 2000 的数据。

（5）取消对表格中数据的筛选，然后对数据进行分类汇总。

实战演练 3　制作水果月销量图表

演练目标

本演练要求利用在表格中插入图表的相关知识，制作水果月销量图表，效果如图 6-63 所示。

图 6-63　水果月销量图表效果

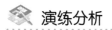 演练分析

本演练的操作思路如图 6-64 所示，具体分析及思路如下。

（a）排序数据

水果销量图

（b）插入图表

图 6-64 制作水果月销售量图表操作思路

（1）创建表格，按图 6-65 所示输入原始数据，计算进货总金额合计和卖出总金额合计。以"卖出总金额"为主关键字对数据进行降序排序。

（2）在表格中插入图表，分析卖出总金额和进货总金额之间的关系。

	类别	进货总金额	卖出总金额
		水果月销售量表	
香蕉		¥1,000.00	¥800.00
苹果		¥860.00	¥900.00
山竹		¥840.00	¥600.00
杨桃		¥940.00	¥400.00
葡萄		¥620.00	¥800.00
西瓜		¥756.00	¥689.00
菠萝		¥856.00	¥456.00
橘子		¥550.00	¥123.00
	合计		

图 6-65 水果月销售量表

实战演练4　打印海达电子产品库存单

 演练目标

本演练要求对海达电子产品库存单进行相应的设置，包括设置页眉和页脚、设置纸张大小等，并打印海达电子产品库存单，打印预览效果如图6-66所示。

海达电器

海达电子产品库存单

仪器编号	仪器名称	进货日期	单价	库存	库存总价
102002	电流表	05/22/90	195	38	7410
102004	电压表	06/10/90	185	45	8325
102008	万用表	07/15/88	120	60	7200
102009	绝缘表	02/02/91	315	17	5355
301008	真空计	12/11/90	2450	15	36750
301012	频率表	10/25/90	4370	5	21850
202003	压力表	10/25/89	175	52	9100
202005	温度表	04/23/88	45	27	1215
403001	录像机	09/15/91	2550	5	12750
403004	照相机	10/30/90	3570	7	24990

海达电器库存单

图6-66　海达电子产品库存单打印预览效果

演练分析

本演练的操作思路如图6-67所示，具体分析及思路如下。

（1）创建表格，输入原始数据。

（2）用公式或函数计算表格中需要计算的数值。

（3）设置表格的页眉和页脚。

（4）对表格进行打印预览。

（a）海达电子产品库存单原
始数据

（b）计算数据

（c）设置页眉和页脚

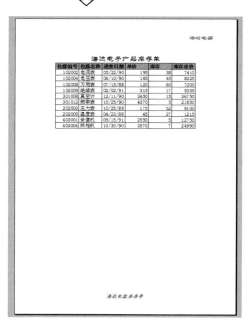

（d）打印预览

图 6-67　海达电子产品库存单打印操作思路

拓展与提升

根据本模块所学内容，动手完成以下实践内容。

课后练习 1　计算教师工资表

（1）创建原始数据文件，如图 6-68 所示。

教师工资表

姓名	职务岗位	性别	基本工资		妇女卫生费	应发实际工资	住房公积金	实发工资合计
			基础工资	提高标准10%				
无名一	高教	男	980					
无名二	中一	男	980					
无名三	高教	女	663					
无名四	中一	女	626					
无名五	中二	男	626					
无名六	中一	男	815					
无名七	中一	女	729					
无名八	中一	女	729					
无名九	中二	男	772					
无名十	中二	男	663					

图 6-68　教师工资表原始数据

（2）运用公式和函数的相关知识，计算教师工资表中的数据，其中，提高标准=基础工资*10%，住房公积金=基本工资*20%，最终结果如图 6-69 所示。

教师工资表

姓名	职务岗位	性别	基本工资		妇女卫生费	应发实际工资	住房公积金	实发工资合计
			基础工资	提高标准10%				
无名一	高教	男	980	98.0		¥1,078.00	215.6	¥　862.40
无名二	中一	男	980	98.0		¥1,078.00	215.6	¥　862.40
无名三	高教	女	663	66.3	5	¥　734.30	145.86	¥　588.44
无名四	中一	女	626	62.6	5	¥　693.60	137.72	¥　555.88
无名五	中二	男	626	62.6		¥　688.60	137.72	¥　550.88
无名六	中一	男	815	81.5		¥　896.50	179.3	¥　717.20
无名七	中一	女	729	72.9	5	¥　806.90	160.38	¥　646.52
无名八	中一	女	729	72.9	5	¥　806.90	160.38	¥　646.52
无名九	中二	男	772	77.2		¥　849.20	169.84	¥　679.36
无名十	中二	男	663	66.3		¥　729.30	145.86	¥　583.44

图 6-69　计算教师工资表最终结果

课后练习2 管理教师工资表

本练习将运用管理表格数据的相关知识管理教师工资表，需要对表格进行排序、筛选及分类汇总数据等操作，最后制作汇总图表，效果如图 6-70 所示。

姓名	职务岗位	性别	基本工资		妇女卫生费	应发实际工资	住房公积金	实发工资合计
			基础工资	提高标准				
无名一	高教	男	980	98.0		¥1,078.00	215.6	¥ 862.40
无名三	高教	女	663	66.3	5	¥ 734.30	145.86	¥ 588.44
	高教 汇总				5	¥1,812.30	361.46	¥1,450.84
无名五	中二	男	626	62.6		¥ 688.60	137.72	¥ 550.88
无名十	中二	男	663	66.3		¥ 729.30	145.86	¥ 583.44
无名九	中二	男	772	77.2		¥ 849.20	169.84	¥ 679.36
	中二 汇总				0	¥2,267.10	453.42	¥1,813.68
无名六	中一	男	815	81.5		¥ 896.50	179.3	¥ 717.20
无名二	中一	男	980	98.0		¥1,078.00	215.6	¥ 862.40
无名四	中一	女	626	62.6	5	¥ 693.60	137.72	¥ 555.88
无名七	中一	女	729	72.9	5	¥ 806.90	160.38	¥ 646.52
无名八	中一	女	729	72.9	5	¥ 806.90	160.38	¥ 646.52
	中一 汇总				15	¥4,281.90	853.38	¥3,428.52
	总计				20	¥8,361.30	1668.26	¥6,693.04

图 6-70 教师工资表的图表效果

课后练习3 提高 Excel 函数与图表的应用

在 Excel 中，除了本模块所讲解的知识外，还可以通过上网学习或购买相关书籍解决函数计算中遇到的问题，以提高 Excel 函数和图表的使用效率，当使用函数计算数据时，单元格区域中不能带有符号或文字等，也可以通过实践了解图表类型的分析与应用。

模块 7

PowerPoint 2010 基础

内容摘要

　　PowerPoint 是 Microsoft 公司推出的 Office 办公软件家族中的重要一员，是目前最流行的一款专门用来制作演示文稿的应用软件。使用 PowerPoint 可以制作出集文字、图形、图像、声音及视频等多媒体对象为一体的演示文稿，被广泛应用于教育教学、广告宣传、产品展示及会议等领域。

　　本模块将介绍 PowerPoint 2010 的工作界面，以及演示文稿与幻灯片的基本操作。

学习目标

　📖 熟悉 PowerPoint 2010 的工作界面。
　📖 熟练掌握 PowerPoint 2010 演示文稿的打开、新建、保存等操作。
　📖 熟练掌握幻灯片的插入、复制、删除等操作。
　📖 熟练掌握演示文稿的播放与保存的方法。

任务目标

本任务的目标是对 PowerPoint 2010 的操作环境进行初步认识。

本任务的具体目标要求如下：

（1）熟悉 PowerPoint 2010 的工作界面。

（2）了解 PowerPoint 2010 的视图模式。

（3）了解 PowerPoint 2010 的新增功能。

（4）掌握自定义快速访问工具栏的方法。

（5）掌握 PowerPoint 2010 的工作环境的常用设置。

操作1 认识 PowerPoint 2010 的工作界面

1．工作界面

启动 PowerPoint 2010 的方法与启动 Office 2010 其他组件的方法一样，双击桌面上的 PowerPoint 2010 快捷方式图标，即可启动 PowerPoint 2010。PowerPoint 2010 的工作界面如图 7-1 所示。

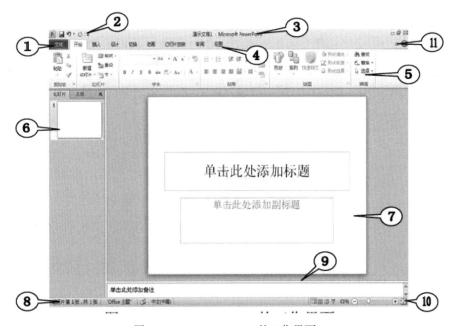

图 7-1 PowerPoint 2010 的工作界面

2．界面简介

PowerPoint 2010 工作界面说明如表 7-1 所示。

表 7-1　PowerPoint 2010 工作界面的功能说明

编号	名称	功能说明
1	文件选项卡	主要以文件为对象，进行文件的"新建"、"打开"、"保存"等操作
2	快速访问工具栏	集成了多个常用按钮，默认状态下集成了"保存"、"撤销"、"恢复"按钮
3	标题栏	显示幻灯片的标题
4	选项卡	集成了幻灯片功能区
5	功能区	功能区中包括多个组，并集成了系统的很多功能按钮，能使用户快速找到完成某一任务所需的命令
6	大纲/幻灯片浏览窗格	显示幻灯片文本的大纲或幻灯片缩略图
7	幻灯片编辑区	可以对幻灯片进行编辑、修改、添加等操作
8	状态栏	显示当前文档的信息
9	备注窗口	可用来添加相关的说明和注释，供演讲者参考
10	视图栏	用于快速切换到不同的视图或调整工作区的显示比例
11	功能区最小化按钮	可将功能区最小化，仅显示功能区上的选项卡名称

操作 2 认识演示文稿的视图模式

PowerPoint 2010 为满足不同用户的需要，提供了四种基本的视图方式，包括普通视图、幻灯片浏览视图、备注页视图和阅读视图。单击视图栏或 "视图"选项卡"演示文稿视图"选项组中的相应的按钮可切换到相应的视图。下面分别介绍各种视图的作用。

1．普通视图

普通视图是 PowerPoint 2010 的默认视图，是幻灯片的主要编辑视图方式，普通视图多用于调整幻灯片结构、编辑单张幻灯片内容及在"备注"窗格添加备注等操作，其主要包括"幻灯片/大纲"窗格、"幻灯片"窗格和"备注"窗格 3 个工作区域，如图 7-2 所示。

2．幻灯片浏览视图

幻灯片浏览视图中列出了所有幻灯片的缩略图。在幻灯片浏览视图下，可以浏览演示文稿的整体效果，可以对幻灯片进行添加、复制、删除和重新排列等操作，还可以改变幻灯片的版式、主题和切换效果等，但不能直接在幻灯片浏览视图下对幻灯片的内容进行编辑和修改，如图 7-3 所示。

3．备注页视图

备注页视图分为上、下两部分，上面是一个缩小了的幻灯片，下面的方框中可以输入幻灯片的备注信息,记录演示时所需要的一些提示重点,如图 7-4 所示。备注内容还可以打印出来,供演讲者使用。

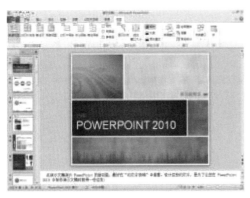

图 7-2　普通视图

图 7-3　幻灯片浏览视图

另外,在 PowerPoint 2010 普通视图的幻灯片窗格下方可以看到备注窗格,在备注窗格内可以输入幻灯片的文字备注信息。

提示:在普通视图的备注窗格中只能输入文本内容,如果想在备注中加入图片等其他信息,则需要切换到备注页视图。

4.阅读视图

阅读视图是可以通过大屏幕放映演示文稿,但又不会占用整个屏幕的放映方式,阅读视图只保留幻灯片窗格、标题栏和状态栏,其他编辑功能被屏蔽,如图 7-5 所示。

另外,PowerPoint 2010 同以前版本一样也提供了幻灯片放映视图和幻灯片母版视图。

图 7-4　备注页视图

图 7-5　阅读视图

操作3　了解 PowerPoint 2010 的新增功能

PowerPoint 2010 在继承以前版本的强大功能基础上,在文件管理、图形图像处理、音视频制作、动画及幻灯片切换等方面进行了很多改进,使用户在制作幻灯片过程中更加便捷,更加得心应手,引导用户制作出图文并茂、声形兼备的动态幻灯片。PowerPoint 2010 主要新增了以下功能。

（1）将演示文稿转换为视频文件：可以将演示文稿直接保存为 WMV 格式的视频文件。

（2）节功能：增加了便于管理和打印幻灯片的节功能。

（3）选择窗格功能：除常规的全选和选择对象外，新增了选择窗格功能，很好地解决了幻灯片中多个对象选择时出现的不容易选择某个对象或某几个对象的问题。

（4）新增了 SmartArt 图形：利用 SmartArt 图形，可以非常直观地说明层级关系、附属关系、并列关系、循环关系等常见关系，而且制作出来的图形漂亮精美，具有很强的立体感和画质感；完全不需要专业设计师的帮助就可以为 SmartArt 图形、形状、艺术字和图表添加绝妙的视觉效果。PowerPoint 2010 新增了许多 SmartArt 图形，使得初学者制作精美幻灯片的过程变得简单和更容易实现。

（5）新增形状顶点编辑功能：形状顶点编辑功能可以充分发挥操作者的想象，设计出理想的图形。

（6）新增了音视频编辑功能：PowerPoint 2010 可以对音视频进行剪裁处理，剪裁音频或视频可删除与幻灯片内容无关的部分，使得剪辑更加简短；可以在视频或者音频剪辑中关注的时间点处插入书签，在幻灯片播放中，使用书签可触发动画或跳转至音视频中的特定位置；可以为音视频剪辑设置淡入、淡出效果，使得剪裁后的音频或视频在开始和结束的时候自然、流畅；增加了视频剪辑设置功能，如设置视频的形状、边框、效果、颜色、亮度及对比度、形状样式等。

（7）PowerPoint 2010 提供了全新的动态幻灯片切换和动画效果，看起来与在电视上看到的画面相似；可以轻松访问、预览、应用、自定义和替换动画。还可以使用新增动画刷轻松地将动画从一个对象复制到另一个对象。

（8）对图片的设置更丰富：可以删除图片背景，可以将图片裁剪为想要的形状、将图片转换为 SmartArt 图形、设置图片的艺术效果等。

操作 4　自定义快速访问工具栏及设置工作环境

PowerPoint 2010 支持自定义快速访问工具栏及设置工作环境，从而使用户能够按照自己的习惯设置工作环境，并在制作演示文稿时更加得心应手。

1. 自定义快速访问工具栏

快速访问工具栏是一个可以自定义的工具栏，它包含一组独立于当前显示的选项卡命令按钮，用户可以根据自己的需要在快速访问工具栏中添加或删除命令按钮。

（1）单击快速访问工具栏右侧的下拉按钮，如图 7-6 所示，在弹出的下拉列表中选择要添加的选项，如"新建"、"打开"等，这样"新建"和"打开"选项就被添加到了快速访问工具栏中，如图 7-7 所示。

（2）若要向快速访问工具栏添加其他命令，可用如下三种方式实现。

◆　单击快速访问工具栏右侧的下拉按钮，在弹出的下拉列表中选择"其他命令"选项，
　　然后在弹出的"PowerPoint 选项"对话框中选择"快速访问工具栏"选项，选择所
　　需的命令，如图 7-8 所示。

◆ 单击"文件"选项卡中的"选项"按钮，在弹出的"PowerPoint 选项"对话框中选择"快速访问工具栏"选项，选择所需的命令。

◆ 右击功能区中的任一按钮，在弹出的快捷菜单中选择"添加到快速访问工具栏"选项，被单击的按钮将被添加到快速访问工具栏中；也可在弹出的快捷菜单中选择"自定义快速访问工具栏"选项，选择"PowerPoint 选项"对话框中的"快速访问工具栏"选项卡，选择所需的选项。

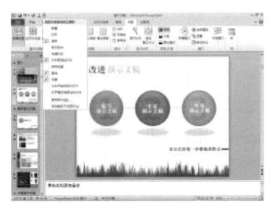

图 7-6　添加前　　　　　　　　　　　　　图 7-7　添加后

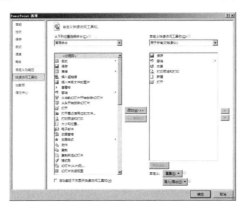

图 7-8　添加其他选项

2．设置工作环境

PowerPoint 2010 的工作环境主要在"文件"选项卡中的"选项"中设置，包括工作环境默认"配色方案"设置、"保存自动恢复信息时间间隔"设置、"撤销"命令最多可取消操作数等。

任务小结

本任务主要介绍了 PowerPoint 2010 的工作界面、演示文稿的视图模式，PowerPoint 2010 的新增功能，以及对 PowerPoint 2010 工作界面设置的方法。通过本任务的学习，应对 PowerPoint 2010 有了初步的认识，掌握本任务的知识是学习演示文稿制作的前提。

演示文稿是用于介绍和说明某个问题和事件的一组多媒体材料，也就是 PowerPoint 生成的文件形式，PowerPoint 2010 演示文稿文件的扩展名为：.PPtx。演示文稿中可以包含幻灯片、演讲者备注等内容，而 PowerPoint 则是创建和演示播放这些内容的工具。

任务目标

本任务的目标是介绍 PowerPoint 2010 演示文稿与幻灯片的基本操作。

本任务的具体目标要求如下：

（1）掌握创建演示文稿的方法。

（2）掌握幻灯片的复制和移动、添加和删除以及选择的方法。

（3）掌握放映与保存演示文稿的方法。

操作1　创建演示文稿

PowerPoint 2010 提供了多种创建新演示文稿的方法。用户可以根据自己对 PowerPoint 2010 的熟悉程度和任务需要，灵活地进行选择。

1. 快速建立空演示文稿

空演示文稿由带有布局格式的空白幻灯片组成，用户可以在空白的幻灯片上设计出具有鲜明个性的背景色彩、配色方案、文本格式和图片等。快速创建空演示文稿的方法如下。

◆ 启动 PowerPoint 自动创建空演示文稿，如图 7-9 所示。

◆ 利用"文件"选项卡创建空演示文稿，如图 7-10 所示。

图 7-9　启动创建的空演示文稿

图 7-10　利用"文件"选项卡创建空演示文稿

2．创建演示文稿的其他方法

单击"文件"选项卡中的"新建"按钮，可以选择其中的一种模板来创建演示文稿。模版就是一个包含初始设置（有时还有初始内容）的文件，可以根据它来新建演示文稿。模板所提供的具体设置和内容有所不同，可能包括一些示例幻灯片、背景图片、自定义颜色、文字布局以及对象占位符等。PowerPoint 2010 为用户提供了许多美观的设计模板，用户在设计演示文稿时可以先选择演示文稿的整体风格，再进行进一步的编辑修改。除上面介绍的两种方法外，创建演示文稿的方法还包括以下几种。

◆ 根据最近打开的模板创建演示文稿。

◆ 根据样本模板创建演示文稿。

◆ 根据主题创建演示文稿。

◆ 使用我的模板创建演示文稿。

◆ 根据现有内容新建演示文稿。

◆ 根据 Office.com 模板创建演示文稿。

操作 2 编辑幻灯片

在 PowerPoint 中，存在演示文稿和幻灯片两个概念，使用 PowerPoint 制作出来的整个文件是演示文稿。而演示文稿中的每一张是幻灯片，每张幻灯片都是演示文稿中既相互独立又相互联系的内容。

幻灯片的编辑主要包括新建幻灯片、选择幻灯片、复制幻灯片、调整幻灯片的下顺序和删除幻灯片等。对幻灯片的操作，最为方便的视图模式是幻灯片浏览视图。对于小范围或少量的幻灯片操作，也可以在普通视图模式下进行。

1．新建幻灯片

启动 PowerPoint 2010，PowerPoint 会自动建立一张新的默认版式的幻灯片，随着制作过程的推进，需要在演示文稿中添加更多的幻灯片。要添加新幻灯片，可以按照下面的方法进行操作。

（1）在幻灯片普通视图中，在左侧窗格中选择一张幻灯片，按【Enter】键，可在选定幻灯片后面插入一张幻灯片，如图 7-11 所示。

（2）单击"开始"选项卡"幻灯片"选项组中的"新建幻灯片"按钮，在弹出的幻灯片版式列表中选择一种需要的幻灯片版式，可插入一张选定版式的幻灯片，如图 7-12 所示。

（3）在幻灯片普通视图中，在左侧窗格中右击，在弹出的快捷菜单中选择"新建幻灯片"选项，可在当前位置插入一张幻灯片。

2．选择幻灯片

在 PowerPoint 中，用户可以选择一张或多张幻灯片，然后对选择的幻灯片进行操作。选择幻灯片一般在幻灯片普通视图左侧窗格或幻灯片浏览视图中进行操作。以下是选择幻灯片的常用方法。

图 7-11　插入一张新幻灯片（1）

图 7-12　插入一张新幻灯片（2）

◆ 选择单张幻灯片：只需单击需要的幻灯片。

◆ 选择相连的多张幻灯片：首先单击起始编号的幻灯片，然后按住【Shift】键不放，单击结束编号的幻灯片。

◆ 选择编号不相连的多张幻灯片：先按住【Ctrl】键不放，然后依次单击需要选择的每张幻灯片，如图 7-13 所示

3．复制幻灯片

选择需要复制的一张或多张幻灯片，单击"开始"选项卡"剪贴板"选项组中的"复制"按钮，将光标定位在需要插入幻灯片的位置，然后单击"开始"选项卡的"剪贴板"选项组中的"粘贴"按钮，如图 7-14 所示。

图 7-13　选择不连续的幻灯片

图 7-14　复制幻灯片

4．调整幻灯片顺序

在制作演示文稿时，如果需要重新排列幻灯片的顺序，可移动幻灯片。移动幻灯片在普通视图左侧窗格或幻灯片浏览视图中进行，有以下两种方法。

◆ 拖动鼠标移动幻灯片。

◆ 利用"剪切"按钮和"粘贴"按钮来移动幻灯片。

5．删除幻灯片

选择需要删除的一张或多张幻灯片，按【Delete】键或在选择的幻灯片上右击，在弹出的快捷菜单中选择"删除幻灯片"选项。

播放与保存演示文稿

1．播放演示文稿

设计幻灯片的最终目的是播放，在不同的场合、不同的观众的条件下，可根据实际情况来选择具体的播放方式。

在 PowerPoint 2010 中，提供了 3 种不同的幻灯片播放模式。

◆ 从头开始放映：单击"幻灯片放映"选项卡中的"从头开始"按钮或按【F5】键。

◆ 从当前幻灯片放映：单击幻灯片窗口右下角的"幻灯片放映"按钮，或单击"幻灯片放映"选项卡中的"从当前幻灯片开始"按钮。

◆ 自定义幻灯片放映：只放映选定的幻灯片，单击"幻灯片放映"选项卡中的"自定义幻灯片放映"按钮。

提示： 在制作幻灯片时，按 F5 键可快速切换到幻灯片放映模式查看制作效果，按 Esc 键可返回到先前的视图状态。

2．保存演示文稿

对于新建演示文稿或编辑完成的演示文稿，要及时保存，以防止计算机出现意外导致演示文稿丢失。演示文稿的保存分为如下 3 种情况。

◆ 对新建演示文稿进行的保存。

◆ 对已保存过的演示文稿进行保存。

◆ 演示文稿另存为其他文件名、其他位置或其他文档格式。

知识延伸

在 PowerPoint 2010 中选择"开始"选项卡，其功能区如图 7-15 所示，其中选项"幻灯片"组各按钮的功能分别如下。

图 7-15 "开始"选项卡功能区

◆ "新建幻灯片"按钮：单击该按钮可新建一张幻灯片。

◆ "版式"按钮：单击该按钮可选择更改所选幻灯片的版式布局。

◆ "重设"按钮：单击该按钮可将幻灯片占位符的位置、大小和格式等重设为其默认设置。

◆ "节"按钮：单击该按钮可在节中组织幻灯片。

 任务小结

本任务主要讲解了演示文稿和幻灯片的基本操作，包括新建和保存演示文稿，插入和删除幻灯片，以及复制、选择幻灯片等。熟练掌握这些基本操作，可为以后制作演示文稿打下坚实的基础。

实战演练　幻灯片的基本操作

 演练目标

通过本实战演练掌握使用"样本模板"创建一个新的"PowerPoint 2010 简介"演示文稿，并利用新建的演示文稿进行幻灯片的插入、复制、删除、移动，以及更改幻灯片顺序等的方法。

演练分析

具体分析及操作思路如下：

选择"开始"→"所有程序"→"Microsoft Office"→"Microsoft PowerPoint 2010"　选项，启动 PowerPoint 2010。

（1）单击"文件"选项卡中的"新建"按钮，在"在可用的模板和主题"中单击"样本模板"按钮。

（2）单击"PowerPoint 2010 简介"模板并查看预览，如图 7-16 所示。

（3）单击"创建"按钮，创建一份以"PowerPoint 2010 简介"模板为基础的新演示文稿，如图 7-17 所示。

图 7-16　"PowerPoint 2010 简介"模板　　　　图 7-17　新建的演示文稿

（4）在新创建的演示文稿窗口左侧"幻灯片/大纲"窗格中，按住【Ctrl】键，并依次单击第 3、7、13、16 张幻灯片，被单击的幻灯片被选中。

（5）按【Delete】键，删除选中的幻灯片。

（6）单击"文件"选项卡中的"另存为"按钮，弹出"另存为"对话框。

（7）单击保存位置为"库/文档"，文件名为"PowerPoint 2010 简介.pptx"，单击"保存"按钮。

（8）单击"幻灯片放映"选项卡"开始放映幻灯片"选项组中的"从头开始"按钮。幻灯片将从头开始放映，单击直至幻灯片放映结束。

（9）单击"快速访问工具栏"中的"撤销"按钮，直至该按钮变为灰色（不可用）。上面被删除的几张幻灯片被恢复。

（10）单击"视图"选项卡"演示文稿视图"选项组中的"幻灯片浏览"按钮，弹出幻灯片浏览视图，如图 7-18 所示。

（11）按住【Ctrl】键的同时，依次单击第 15、17、19 张幻灯片，选中上述幻灯片。

（12）在选中的某个幻灯片上右击，在弹出的快捷菜单中选择"删除幻灯片"选项，删除选中的幻灯片。

（13）将第 5 张、第 6 张幻灯片位置互换，方法是将光标指向第 5 张幻灯片，按住鼠标左键不放，将其拖动到第 6 张幻灯片后的空位置并释放鼠标。

（14）将第 10 张、第 12 张幻灯片位置互换，方法是将光标指向第 10 张幻灯片，按住鼠标左键不放，将其拖动到第 12 张幻灯片前的空位置释放鼠标；将鼠标指向第 12 张幻灯片，按住鼠标左键不放，将其拖动到第 9 张幻灯片后的空位置并释放鼠标，如图 7-19 所示。

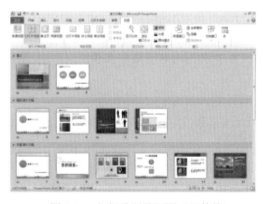 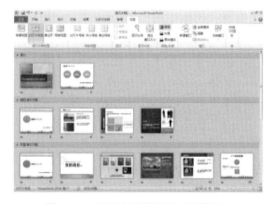

图 7-18　幻灯片浏览视图（调整前）　　　　图 8-19　幻灯片浏览视图（调整后）

（15）单击"演示文稿视图"选项卡中的"普通视图"按钮，返回幻灯片普通视图。

（16）单击第一张幻灯片，选中的第一张幻灯片成为当前幻灯片，单击"开始"选项卡"幻灯片"选项组中的"新建幻灯片"按钮，弹出新建幻灯片版式列表，从中选择"节标题"版式，在第 1 张幻灯片的后面插入一张新建的幻灯片。

（17）将光标指向第 2 张新建的幻灯片并单击"剪切板"选项组中的"剪切"按钮。

（18）在最后一张幻灯片后单击，将出现一条闪动的横线，单击"剪切板"选项组中的"粘贴"按钮，在幻灯片的最后插入一张新幻灯片。单击当前幻灯片中的"单击此处添加标题"文本框，输入文字"结束"。

（19）单击"文件"选项卡中的"另存为"按钮，在弹出的"另存为"对话框中选择保存位置，文件名为 "PowerPoint 2010 简介 2.pptx"，单击 "保存" 按钮。

（20）单击 "幻灯片放映" 选项卡 "开始放映幻灯片" 选项组中的 "从头开始" 选项。幻灯片将从头开始放映，单击直至幻灯片放映结束，单击右上角的 "关闭" 按钮，关闭演示文稿。

拓展与提升

根据本模块所学的内容，动手完成以下实训内容。

课后练习 1　以 "主题" 为例练习幻灯片的基本操作

单击 "文件" 选项卡中的 "新建" 按钮，自己设计用 "主题" 创建一个新的演示文稿，并利用新建的演示文稿进行幻灯片的插入、复制、删除、移动及更改幻灯片顺序等操作练习。

课后练习 2　以 "现有内容新建" 模板为例练习幻灯片的基本操作

◆ 单击 "文件" 选项卡中的 "新建" 按钮，用 "现有内容新建" 创建一个新的演示文稿，并利用新建的演示文稿进行幻灯片的插入、复制、删除、移动及更改幻灯片顺序等操作练习。

课后练习 3　以 "我的模板" 为例练习幻灯片的基本操作

单击 "文件" 选项卡中的 "新建" 按钮，用 "我的模板" 创建一个新的演示文稿，并利用新建的演示文稿进行幻灯片的插入、复制、删除、移动及更改幻灯片顺序等操作练习。

课后练习 4　以 "Office.com 模板" 为例练习幻灯片的基本操作

单击 "文件" 选项卡中的 "新建" 按钮，用 "Office.com 模板" 创建一个新的演示文稿，并利用新建的演示文稿进行幻灯片的插入、复制、删除、移动及更改幻灯片顺序等操作练习。

模块 8

演示文稿制作基础

内容摘要

演示文稿的主要功能是向用户传达一些简单而重要的信息，这些信息主要是由文本和图形构成的。

学习目标

📖 熟练掌握插入文本和编辑文本的方法。
📖 熟练掌握插入各种图形和图像的方法。
📖 熟练掌握编辑各种图形和图像的方法。

任务 1 ┃ PowerPoint 2010 的文本操作

任务目标

演示文稿的标题、说明性文字都是文本，文本幻灯片是幻灯片中应用最广泛的一类。文本对演示文稿中主题、问题的说明及阐述作用是其他对象不可替代的。

本任务的具体目标要求如下：

（1）掌握在幻灯片中添加文本的方法。

（2）掌握编辑占位符与文本框的方法。

（3）掌握幻灯片中设置文本字体与段落的方法。

（4）熟练掌握插入艺术字的方法。

操作 1 ┃ 在幻灯片中插入文本

1．在占位符中添加文本

占位符是幻灯片中的各种虚线边框，每个占位符均有提示文字，单击占位符可以在其中添加文字和对象。除空白幻灯片版式外，所有其他幻灯片版式中都包含占位符。如图 8-1 所示。在幻灯片中添加文本的方法是单击某个占位符，在占位符中出现插入点光标后，输入文本，如图 8-2 和图 8-3 所示。

除标题占位符外，在其他占位符内输入文字，输入的文字内容超出占位符高度后，会自动减小文字字号和行间距，以适应占位符的大小。

2．使用文本框添加文本

如果要在占位符外输入文本，则需要在幻灯片中插入文本框，然后在文本框中输入文字。文本框分两类：横排文本框和竖排文本框。

图 8-1　幻灯片版式

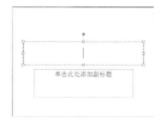

图 8-2　定位文本插入点

图 8-3　添加文本后

操作 2 编辑占位符与文本框

用户可以对占位符与文本框进行以下编辑操作。

（1）激活：单击占位符或文本框，占位符或文本框被激活，出现插入点光标、虚线边框和尺寸控点。

（2）选定：单击占位符或文本框边框，占位符或文本框被选定，插入点光标消失，出现实线边框。

（3）移动：在激活或选定状态下，将鼠标指针移动到占位符或文本框边框上，当鼠标指针变成双十字箭头形状时，拖动鼠标即可移动占位符或文本框；或将鼠标指针移动到占位符或文本框边框上右击，在弹出的快捷菜单中选择"大小和位置"选项，在弹出的"设置形状格式"对话框的"位置"选项卡中，可精确调整占位符或文本框的位置，如图 8-4 所示。

（4）缩放：在激活或选定状态下，拖动尺寸控点可缩放占位符或文本框；或将鼠标指针移动到占位符或文本框边框上右击，在弹出的快捷菜单中选择"大小和位置"选项，在弹出的"设置形状格式"对话框的"大小"选项卡中，可精确调整占位符或文本框边的大小，如图 8-5 所示。

图 8-4　位置的设置　　　　　　　　　　　图 8-5　大小的设置

（5）删除：按【Backspace】键或【Delete】键可删除选定的占位符或文本框。

操作 3 设置文本的基本属性

为了使演示文稿更加美观、清晰，通常需要对文本属性进行设置，文本的基本属性设置主要包括其字体的设置和段落的设置。在 PowerPoint 中，当幻灯片应用了版式后，幻灯片中的文字也具有了预先定义的属性，但在很多情况下，用户仍然需要按照自己的要求对它们重新进行设置。

1.　设置文本的字体格式

幻灯片的文本字体主要在"开始"选项卡的"字体"选项组中设置,"字体"选项组中的功能按钮如图 8-6 所示。PowerPoint 2010 的字体设置与 Word 2010 的字体设置操作大致相同。

2.　设置文本的段落格式

幻灯片的文本段落主要在"开始"选项卡的"段落"选项组中设置,"段落"选项组中的功能按钮如图 8-7 所示。PowerPoint 2010 的文本段落设置与 Word 2010 的段落设置操作大致相同。除标题占位符外,在其他占位符内输入文字内容,可以设置项目符号和项目编号。

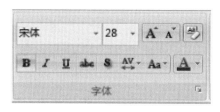

图 8-6　"字体"选项组按钮

图 8-7　"段落"选项组按钮

操作 4　插入与编辑艺术字

艺术字是一种特殊的图形文字,常被用来表现幻灯片的标题文字。

1.　插入艺术字

单击"插入"选项卡"文本"选项组中的"艺术字"按钮,弹出艺术字样式列表,如图 8-8 所示,选择需要的样式选项,即可在幻灯片中插入艺术字。

2.　编辑艺术字

用户在插入艺术字后,如果对艺术字的效果不满意,可以对其进行编辑修改。可以像普通文字一样设置其字号、加粗、倾斜等效果,也可以像图形对象那样设置它的边框、填充等属性,还可以对其进行大小调整、旋转或添加阴影、三维效果等操作。可以利用"设置文本效果格式"对话框设置艺术字,选中艺术字,单击"格式"选项卡"艺术字样式"选项组中单击右下角箭头按钮,在弹出的"设置文本效果格式"对话框中进行设置,如图 8-9 所示。

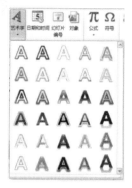

图 8-8　艺术字样式库

图 8-9　"设置文本效果格式"对话框

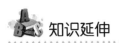

插入公式

PowerPoint 2010 插入公式的方法与 Word 2010 的插入公式的方法相同，在 PowerPoint 2010 幻灯片中插入公式的方法如下。

（1）单击"插入"选项卡"文本"选项组中单击"对象"按钮，在弹出的对话框中选择 "Microsoft 公式 3.0"公式编辑器选项，在公式编辑器中进行公式编辑。这是沿用以前版本 Office 插入公式的方法，如图 8-10 所示。

（a）文本"选项组对象按钮　　　　（b）"插入对象"对话框　　　　（c）编辑公式

图 8-10　插入公式

（2）单击"插入"选项卡"符号"选项组中单击"公式"按钮，选择内置的公式直接插入，然后按需要进行修改；或者单击"插入新公式"按钮根据需要设计公式。这是 Office 2010 推出的插入公式的新方法，较以前版本插入公式的方法简单、便捷。

任务小结

本任务主要介绍了幻灯片文本的输入，文本字体的格式和段落格式操作，以及在幻灯片中插入与编辑艺术字和公式的方法。为幻灯片添加文本应考虑演示文稿类型、使用场合、实际应用等问题，内容尽量简明扼要，格式设置也不宜过于花哨，应多注意和把握演示文稿的主题和展示对象等多方面因素，将演示文稿的文字以简单明了、科学合理与艺术性相结合的形式展现出来。

任务2　PowerPoint 2010 图形操作

除文本外，图形也是幻灯片中的主要元素，图形的加入可以给人们带来视觉上的冲击，有时候起到比文本更有效的效果。在幻灯片中使用图形对象通常是对文本内容的补充，使文本内容更直观明了，同时也能够增加幻灯片的观赏性。PowerPoint 2010 中的图形对象有图片、剪贴画、相册、形状、SmartArt、图表等。本任务将介绍 PowerPoint 2010 中有关图形对象的操作。

任务目标

（1）熟练掌握插入与编辑图片的方法。

（2）熟练掌握在幻灯片中绘制与编辑图形的方法。

（3）掌握在幻灯片中插入及编辑表格、图表的方法。

（4）掌握创建和编辑 SmartArt 图形的方法。

（5）掌握在幻灯片中插入相册的方法。

操作 1   在幻灯片中插入图片

在幻灯片中插入图片时，要充分考虑幻灯片的主题，使图片和主题和谐一致。在 PowerPoint 2010 幻灯片中插入图片一般可用以下两种方法实现。

（1）在占位符外：可通过单击"插入"选项卡"图像"或"插图"选项组中的要插入的图片对象（图片、剪贴画、形状、相册、形状、SmartArt、图表）按钮来完成，如图 8-11 所示。除形状和相册外，插入的其他图形对象保持了原来的大小并处于幻灯片的中央。

图 8-11   "插入"选项卡功能区

（2）在占位符内：可通过幻灯片空内容占位符中央图标（插入表格、插入图表、插入 SmartArt 图形、插入来自文件的图片、剪贴画、插入媒体剪辑）来完成，如图 8-12 所示。在空内容占位符内插入的图形对象的大小不会超过占位符的大小。

单击此处添加标题

• 单击此处添加文本

图 8-12   内容占位符幻灯片

操作 2　编辑图片

在幻灯片中插入图片对象后，可以根据需要调整图片的大小、排列及图片的样式等，从而使图片更适合演示文稿。双击图片对象，在"图片工具/格式"选项卡中可对图片进行相应的编辑操作。

1．调整图片的大小

调整图片的大小的操作方法如下。

① 选中要调整大小的图片，将鼠标指针放置在图片四周的尺寸控制点上，拖动鼠标调整图片大小。

② 选中要调整大小的图片，选择"图片工具/格式"选项卡，在"大小"选项组中设置图片的"高度"、"宽度"，调整图片的大小。

2．裁剪图片

（1）直接进行裁剪。

选中需要裁剪的图片，单击"图片工具/格式"选项卡"大小"选项组中的"裁剪"按钮，弹出裁剪下拉列表，选择"裁剪"选项。

◆　裁剪某一侧：将某侧的中心裁剪控制点向内拖动。

◆　按住【Ctrl】键的同时，拖动任意一侧的裁剪控制点，可同时均匀裁剪两侧。

◆　按住【Ctrl】键的同时，拖动一个角的裁剪控制点，可同时均匀裁剪四面。

◆　裁剪完成后，按【Esc】键或在幻灯片空白处单击，退出裁剪操作。

（2）裁剪为特定形状。

使用"裁剪为形状"功能可以快速更改图片的形状，操作步骤如下。

① 选中需要裁剪的图片。

② 单击"图片工具/格式"选项卡"大小"中的"裁剪"按钮，弹出剪裁下拉列表，选择"裁剪为形状"选择组中的"太阳形"选项，效果如图 8-13 所示。

图 8-13　裁剪为选定形状

3．为图片设置艺术效果

插入图片以后，可以为图片设置艺术效果，用来增强幻灯片的观赏性。

（1）更改图片样式：选中需要更改样式的图片，在"图片工具/格式"选项卡"图片样式"库中选择一种图片样式或通过"图片样式"选项组右侧的"图片边框"、"图片效果"、"图片版式"对图片样式进行编辑。

（2）更改图片颜色效果：选中图片，在"图片工具/格式"选项卡"调整"选项组中单击需要的按钮，可对图片进行亮度及对比度、锐化和柔化、饱和度、色调、艺术效果等的设置。

4．删除图片背景

在制作 PPT 的过程中，我们往往需要使用到无背景的图片素材，使 PPT 的视觉效果更好、更精美，PowerPoint 2010 新增了删除图片背景功能，可快速去掉图片的背景。

（1）选中要去掉背景的图片，单击"图片工具/格式"选项卡"调整"选项组中的"删除背景"按钮，选中的图片会有一部分变成紫红色，紫红色部分是需要删除的部分。

（2）图片中还显示了一个方框，可以通过调整这个方框来改变删除区域的大小。

（3）调整好删除区域后，如果某个地方还有需要删除的部分，可以单击功能区中的"标记要删除的区域"按钮，在图形上绘制需要删除的区域。

（4）如果删除的区域中有需要保留的部分，可以单击功能区中的"标记要保留的区域"按钮，在图形上绘制需要保留的区域。

（5）将需要保留的部分与需要删除的部分都标记好后，单击功能区中的"保留更改"按钮。

操作 3　在 PowerPoint 中绘制表格

使用 PowerPoint 制作一些专业型演示文稿时，通常需要使用表格。它与幻灯片中的文本相比，更能体现内容的对应性及内在的联系，表格适合用来表达比较性、逻辑性的主题内容。

1．在 PowerPoint 中绘制表格

PowerPoint 支持多种插入表格的方式，可以在幻灯片中直接插入，也可以从 Word 和 Excel 应用程序中调入。自动插入表格功能能够方便地辅助用户完成表格的输入，提高在幻灯片中添加表格的效率。

2．手动绘制表格

当插入的表格并不是完全规则时，也可以直接在幻灯片中绘制表格。绘制表格的方法很简单，单击"插入"选项卡"表格"选项组中的"表格"按钮，在弹出的下拉列表中选择"绘制表格"选项。选择该选项后，鼠标指针变为笔形时，即可在幻灯片中进行表格绘制。

3．设置表格样式和版式

插入到幻灯片中的表格像文本框和占位符一样，可以进行选中、移动、调整大小等操作，还可以添加底纹、设置边框样式、应用阴影效果等。除此之外，用户还可以对表格进行编辑，如拆分合并单元格、增加行列、设置行高和列宽等。

操作 4 创建 SmartArt 图形

使用 SmartArt 图形可以非常直观地说明层级关系、附属关系、并列关系、循环关系等各种常见关系，而且制作出来的图形漂亮精美，具有很强的立体感和画面感。

1．插入 SmartArt 图形

单击"插入"选项卡"插图"选项组中的"SmartArt"按钮，弹出"选择 SmartArt 图形"对话框，选择需要的样式，单击"确定"按钮，即可插入 SmartArt 图形，如图 8-14 所示。

2．编辑 SmartArt 图形

用户可以根据自己的需要对插入的 SmartArt 图形进行编辑，如添加、删除形状，设置形状的填充色、效果等。选中插入的 SmartArt 图形，功能区将显示"设计"和"格式"选项卡，通过选项卡中的各个功能按钮，可以设计出美观大方的 SmartArt 图形。

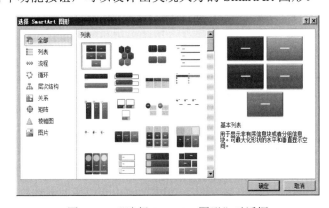

图 8-14 "选择 SmartArt 图形"对话框

 知识延伸

1．插入 Excel 图表

与文字数据相比，形象直观的图表更容易让人理解，它以简单易懂的方式反映了各种数据关系。PowerPoint 附带了一种 Microsoft Graph 的图表生成工具，它能提供各种不同的图表来满足用户的需要，并使制作图表的过程简便、自动化。

（1）在幻灯片中插入图表。

插入图表的方法与插入图片、影片、声音等对象的方法类似，在功能区"插入"选项卡"插图"选项组中的"图表"按钮，弹出"插入图表"对话框，如图 8-15 所示，该对话框提供了 11 种图表类型，每种类型可以分别用来表示不同的数据关系。

（2）编辑与修饰图表。

在 PowerPoint 中创建的图表，不仅可以像其他图形对象那样进行移动、调整大小等操作，也可以设置图表的颜色、图表中元素的属性等。例如，设置快速样式、编辑图表数据、更改图表类型和改变图表布局等。

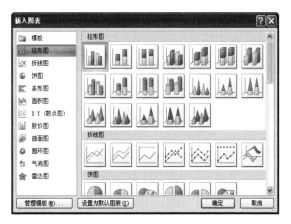

图 8-15　"插入图表"对话框

2．插入相册

当没有制作电子相册的专门软件时，使用 PowerPoint 也能轻松制作出漂亮的电子相册。这种方法适用于制作家庭电子相册、介绍公司的产品目录，或者分享图像数据及研究成果。

（1）新建相册。

在幻灯片中新建相册时，只需要单击"插入"选项卡"图像"选项组中的"相册"按钮，在弹出的"相册"对话框中，单击"文件/磁盘"按钮，如图 8-16 所示，然后从本地磁盘的文件夹中选择相关的图片文件进行插入，单击"创建"按钮即可。相册效果如图 8-17 所示。

> 素材位置：模块 8\素材\菊花.jpg，沙漠八.jpg，仙花.jpg，企鹅.jpg
>
> 效果图位置：模块 8\源文件\相册.pptx

图 8-16　"相册"对话框

图 8-17　相册效果

（2）设置相册格式

对于建立的相册，如果不满意它所呈现的效果，可以重新修改相册中图片的顺序、图片版式、相框形状及主题、调整图片的亮度、对比度与旋转角度等相关属性。设置完成后，单击"更新"按钮可重新整理相册。

以图 8-17 所示相册为例,单击"插入"选项卡"图像"选项组中的"相册"按钮,在弹出的下拉列表中选择"编辑相册"选项,打开"编辑相册"对话框,将第四张图片调整到第一张图片的位置,相框形状设置为"简单相框,白色",主题设置为"流畅",如图 8-18 所示,单击"更新"按钮,返回幻灯片视图,结果如图 8-19 所示。

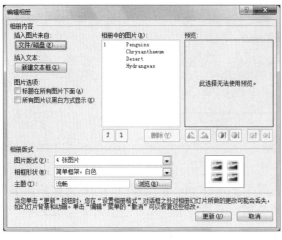

图 8-18 "编辑相册"对话框

图 8-19 更新后的相册

实战演练 1 制作学习进步奖幻灯片

 演练目标

利用 PowerPoint 2010 相关知识制作一张学习进步奖幻灯片,如图 8-20 所示。掌握用 PowerPoint 2010 制作幻灯片的基本操作。

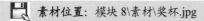 素材位置: 模块 8\素材\奖杯.jpg

效果图位置: 模块 8\源文件\学习进步奖.pptx

图 8-20 学习进步奖幻灯片

演练分析

具体分析及思路如下：

（1）启动 PowerPoint 2010。

（2）在幻灯片中输入文本，并设置文本的格式。

（3）插入图片并调整其大小和位置。

（4）利用形状制作"黄红蓝"彩条。

（5）保存演示文稿到计算机中，并命名为"学习进步奖.pptx"。

实战演练 2　制作优秀学生证书幻灯片

演练目标

在已有的一张优秀学生证书幻灯片的基础上，利用插入文本框、输入文本和编辑形状等操作，编辑如图 8-21 所示的优秀学生证书幻灯片。

素材位置：模块 8\素材\优秀学生证书.pptx

效果图位置：模块 8\源文件\优秀学生证书.pptx

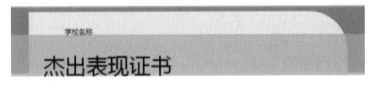

图 8-21　优秀学生证书幻灯片

演练分析

具体分析及思路如下：

（1）打开素材文件"模块 8\素材\优秀学生证书.pptx"。

（2）在幻灯片中插入两个文本框，分别输入"学校名称"和"学生姓名"，进行相应的格式设置，并移动文本框到幻灯片相应的位置上。

（3）在幻灯片中插入矩形形状，并填充颜色为 RGB（174，194，126），透明度为 30%，线条颜色为无线条，然后调整其大小和位置，并在此形状上添加和编辑文字。

实战演练 3 制作公司简介演示文稿

 演练目标

利用所学知识制作完成公司简介演示文稿，完成后的效果如图 8-22 所示。掌握幻灯片的插入、文本的插入、文本及段落的格式化等操作。

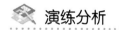 演练分析

具体分析及思路如下。

（1）选择"开始→所有程序→Microsoft Office→Microsoft PowerPoint 2010"选项，启动 PowerPoint 2010。

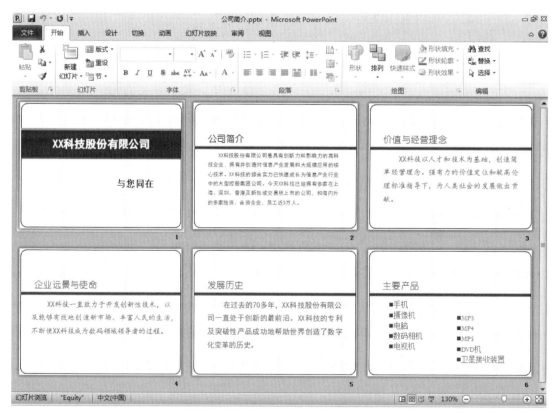

图 8-22 公司简介演示文稿效果

（2）单击"文件"选项卡"新建"选项组中的"主题"按钮，在弹出的"主题"列表中，选择"平衡"选项，如图 8-23 所示。

（3）单击"创建"按钮，创建一个以"平衡"主题为基础的新演示文稿，如图 8-24 所示。

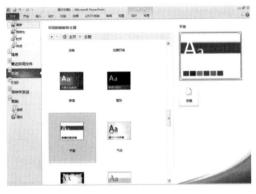

图 8-23　"平衡"主题

图 8-24　新建的演示文稿

（4）在新建演示文稿的"幻灯片编辑区"窗格中，单击"单击此处添加标题"占位符，并输入标题文本"XX 科技股份有限公司"，设置文本格式为黑体、48 号、加粗、阴影。

（5）单击"单击此处添加副标题"占位符，并输入副标题文本"与您同在"，设置文本格式为宋体、40 号、加粗，段落对齐为右对齐，对齐文本为底端对齐。效果如图 8-25 所示。

（6）单击"开始"选项卡"幻灯片"选项组中的"新建幻灯片"按钮，弹出新建幻灯片版式列表，从中选择"节标题"选项。在第 1 张幻灯片的后面插入一张新建的幻灯片。效果如图 8-26 所示。

图 8-25　标题幻灯片

图 8-26　插入新幻灯片

（7）单击第 2 张幻灯片的"单击此处添加标题"占位符，并输入文本"公司简介"，设置文本格式为幼圆、40 号，段落对齐为左对齐。

（8）在第 2 张幻灯片中，单击"单击此处添加文本"占位符，并输入文本内容，设置文本格式为黑体、24 号，段落对齐为两端对齐，首行缩进 2 字符，行间距为 1.5 倍。效果如图 8-27 所示。

（9）在左侧"幻灯片/大纲"窗格中，单击第 2 张幻灯片，然后按四次【Enter】键，插入四张和第 2 张幻灯片同样版式的新幻灯片。

（10）分别单击第 3、4、5、6 张幻灯片的"单击此处添加标题"占位符，并分别输入文本"价值与经营理念"、"企业远景与使命"、"发展历史"、"主要产品"。文本格式都设置为幼圆、40 号，段落对齐为左对齐。效果如图 8-28 所示。

（11）将鼠标指针分别指向第 3、4、5 张幻灯片的"单击此处添加文本"占位符的虚线边框，右击，在弹出的快捷菜单中选择"大小和位置"选项，弹出"设置形状格式"对话框，在对话框中的"大小"选项卡中设置高度为 10 厘米，宽度为 22 厘米；"位置"选项卡中设置水平为 2 厘米，垂直为 7 厘米，其他参数为默认值。

（12）单击第 3 张幻灯片的"单击此处添加文本"占位符，根据素材输入文本，设置格式为楷体、32 号，段落对齐为两端对齐，首行缩进 2 字符，行距为 1.5 倍。

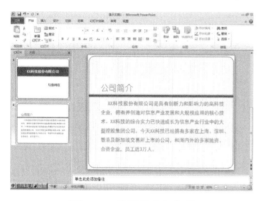

图 8-27　公司简介幻灯片

图 8-28　第六张幻灯片

（13）单击第 4 张幻灯片的"单击此处添加文本"占位符，输入文本，设置格式和第 3 张幻灯片相同。

（14）单击第 5 张幻灯片的"单击此处添加文本"占位符，输入文本，设置文本格式为黑体，其他格式同第 3 张幻灯片。

（15）将鼠标指针指向第 6 张幻灯片的"单击此处添加文本"占位符的虚线边框并右击，在弹出的快捷菜单中选择"大小和位置"选项，弹出"设置形状格式"对话框，在 "大小"选项卡中设置高度为 9 厘米，宽度为 8 厘米；在"位置"选项卡中设置水平为 3 厘米，垂直为 7.5 厘米，其他参数为默认值。

（16）单击第 6 张幻灯片的"单击此处添加标题"占位符，并输入文本"手机、摄像机、电脑、数码相机、电视机"，设置文本格式为宋体、32 号，段落对齐为左对齐，行距为单倍行距，并设置段落符号如图 8-22 所示。

（17）单击"插入"选项卡"文本"选项组"文本框"中的"横排文本框"按钮，在第 6 张幻灯片空白位置单击，插入一个文本框，将鼠标指针指向文本框的边框，当鼠标指针变为双十字箭头时右击，在弹出的快捷菜单中选择"大小和位置"选项，弹出"设置形状格式"对话框，在对话框中的"大小"选项卡中设置高度为 9 厘米，宽度为 8 厘米；"位置"选项卡中设置水平为 14 厘米，垂直为 8 厘米，其他参数为默认值。

（18）单击第 6 张幻灯片中插入的文本框，并输入文本"MP3、MP4、MP5、DVD 机、卫星接收装置"，设置文本格式为宋体、32 号，对齐方式为左对齐、底端对齐，行距为单倍行距，并设置段落符号如图 8-22 第 6 张幻灯片所示。

（19）保存并放映演示文稿。

实战演练 4　制作员工培训演示文稿

 演练目标

本演练要求综合利用所学知识制作员工培训演示文稿，完成后的效果如图 8-29 所示。通过本演练掌握幻灯片的插入、文本的插入、文本及段落的格式化、插入与编辑艺术字和 SmartArt 图形等操作。

> 素材位置：模块 8\素材\公司.jpg
>
> 效果图位置：模块 8\源文件\员工培训.pptx

演练分析

具体分析及思路如下。

（1）利用主题模板"都市"新建演示文稿。

（2）插入相应的文字并设置其格式和位置，使文本主题更加醒目。

（3）为第 3 张幻灯片中的图形应用"绘图工具/格式"选项卡中的"形状样式→强烈效果-靛蓝"效果，使幻灯片更加有立体感。

（4）在第 4 张幻灯片中插入 SmartArt 图形中的基本蛇形结构，使流程一目了然。

（5）在第 6 张幻灯片中插入艺术字，使用倒 V 形效果，并插入素材文件"模块 8\素材\公司.jpg"，使幻灯片更加生动形象。

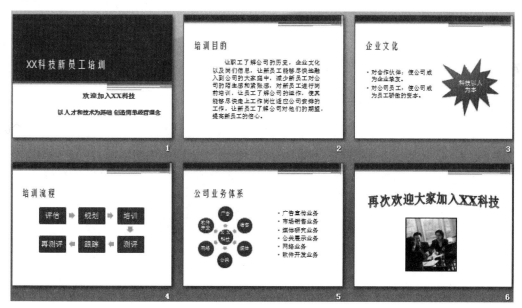

图 8-29　员工培训演示文稿

拓展与提升

根据本模块所学的内容，动手完成以下实践内容。

课后练习 1　制作古诗赏析演示文稿

本练习将制作古诗赏析演示文稿，需要用到文本设置、分栏，艺术字设置等操作，最终效果如图 8-30 所示。

💾 素材位置：模块 8\素材\

　　效果图位置：模块 8\源文件\古诗赏析.pptx

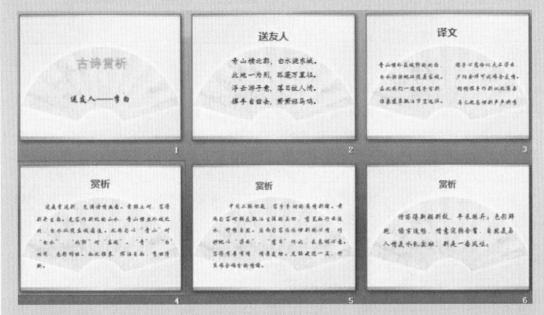

图 8-30　古诗赏析演示文稿

课后练习 2　制作销售业绩演示文稿

销售业绩文稿是由 3 张幻灯片组成的销售业绩演示文稿，如图 8-31 所示，用来展示一个企业各分公司一个季度的销售情况及各品牌的销售业绩情况。此种类型的演示文稿幻灯片内容一般不多，在播放时通常以人工控制的方式进行，主要用于销售业绩汇报、财务报告等场合。本演示文稿主要用到的知识有幻灯片文本的插入与格式化，占位符样式的设置，幻灯片中表格的插入方法与表格样式调整等。

💾 素材位置：模块 8\素材\

　　效果图位置：模块 8\素材\源文件\销售业绩.pptx

图 8-31　销售业绩演示文稿

课后练习 3　制作新产品上市演示文稿

本练习将制作新产品上市演示文稿，需要用到设置字体、字号和文字效果，插入图片、自选图形，设置图片和自选图形效果等操作，最终效果如图 9-32 所示。

素材位置：模块 8\素材\新产品上市模板.pptx

效果图位置：模 8\源文件\新产品上市.pptx

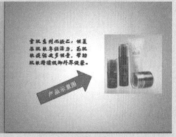

图 8-32　新产品上市演示文稿

模块 9
美化演示文稿

内容摘要

在演示文稿制作中，经常要制作相同样式的幻灯片，如字体格式相同、在每一张幻灯片上下都显示公司标志等，为了提高工作效率，减少重复输入和设置，可以使用 PowerPoint 2010 的幻灯片母版功能。另外，通过设置主题效果、添加切换效果和动画效果，可使演示文稿更加生动、更加具有观赏性。

学习目标

 📖 熟练掌握在 PowerPoint 2010 中设置主题的方法。
 📖 熟练掌握在 PowerPoint 2010 中设置背景的方法。
 📖 熟练掌握在 PowerPoint 2010 中设置母版的方法。
 📖 熟练掌握在 PowerPoint 2010 中设置动画的方法。
 📖 掌握在 PowerPoint 2010 插入音频和视频的方法。

任务 1　美化幻灯片

　　模板是一种设定了文字格式和相应图案的特殊文档，可以通过模板来创建新的演示文稿，也可以将模板添加到已存在的演示文稿中。PowerPoint 2010 提供了大量的模板，包括母板、主题、背景样式等内容。应用这些模板，可以提高制作演示文稿的工作效率，减少重复输入和设置，轻松地制作出具有专业效果的幻灯片演示文稿，使演示文稿更加生动。

　　本任务的目标是熟悉设置演示文稿主题和背景样式的基本步骤，掌握 PowerPoint 中 3 种母版的视图模式、更改和编辑幻灯片母版的方法，以及使用页眉页脚，网格线、标尺等版面元素的方法。

任务目标

　　（1）熟练掌握幻灯片主题的设置方法。
　　（2）熟练掌握幻灯片背景的设置方法。
　　（3）熟练掌握幻灯片母版的设置方法。
　　（4）熟练掌握幻灯片页眉和页脚、网格线以及标尺的设置方法。

操作 1　幻灯片主题

　　主题是主题颜色、主题字体和主题效果 3 者的组合，是设置演示文稿专业外观的一种简单而快捷的方式，用户可以根据需要为演示文稿选择不同的主题。如果对所选的主题不满意，还可以对选中的主题样式进行进一步的修改。

1．主题颜色

　　PowerPoint 2010 提供了几十种内置的主题颜色，是预先设置好的幻灯片的背景、文本、阴影、填充、强调和超链接等的颜色，极大地方便了用户的使用。更改主题颜色可通过单击"设计"选项卡"主题"选项组中的"颜色"按钮，在弹出的颜色库中重新选择合适的颜色组合来实现，如图 9-1 所示。

2．主题字体

　　PowerPoint 2010 提供了二十多种内置的主题字体，每一款主题都会定义两种基本的字体：标题字体和正文字体。改变主题字体，就会更改幻灯片中的所有标题和内容的字体。更改主题字体可通过单击"设计"选项卡"主题"选项组中的"字体"按钮，在弹出的主题字体库中重新选择合适的字体模板来实现，如图 9-2 所示。

3．主题效果

　　主题效果是线条和填充效果的组合，可以在演示文稿中选择所需的主题效果。更改主题效果可通过单击"设计"选项卡"主题"选项组中的"效果"按钮，在弹出的主题效果库中重新选择合适的主题效果来实现，如图 9-3 所示。在"主题效果"下拉列表中可看到"主题效果"名称，以及用于每组主题效果的线条和填充效果，选择一种主题效果后，可改变演示文稿中所有的形状、SmartArt 图形或表格的图形显示效果。具体操作如下：

图 9-1　主题颜色库　　　图 9-2　主题字体库　　　图 9-3　主题效果库

◆ 新建一个空白演示文稿。
◆ 选择"文件"选项卡"新建"选项组"样本模板"中的"小测验短片"样本模板，新建一个名为"演示文稿2"的演示文稿。切换到幻灯片浏览视图中查看整体效果。
◆ 单击"设计"选项卡"主题"选项组中的"波形"按钮，波形主题应用到所有幻灯片中。切换到幻灯片阅读视图中查看效果。
◆ 设置主题颜色为暗香扑面，设置主题字体为暗香扑面，设置主题效果为暗香扑面。从头开始放映幻灯片查看效果。

操作 2　背景样式

在演示文稿设计中，用户除了应用主题或主题颜色来更改幻灯片的背景外，还可以根据需要更改幻灯片的背景设计，如删除幻灯片中的设计元素、添加图片或纹理，更改亮度、对比度等。

1. 应用背景样式

单击"设计"选项卡"背景"选项组中的"背景样式"按钮，在弹出的背景样式列表中选择所需的背景样式，如图 9-4 所示。选择一种背景样式后，可改变所选幻灯片或演示文稿中所有幻灯片的背景样式。

2. 改变背景样式

在设计演示文稿时，用户除了应用模板或更改主题时可以更改幻灯片的背景外，还可以根据需要更改演示文稿中部分或全部幻灯片的背景颜色和背景设计。如果需要进行更多背景的修改，可在"背景样式"列表中选择"设置背景格式"选项，弹出"设置背景格式"对话框，可在其中进行相关的设置（如图 9-5 所示），如删除幻灯片中的设计元素、添加底纹、图案、纹理或图片等。

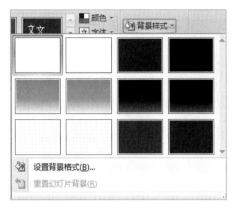

图 9-4　"背景样式"库　　　　　　　　　图 9-5　"设置背景格式"对话框

操作3　幻灯片母版

幻灯片母版的主要作用是使用户方便地进行全局更改（如文本的格式、添加背景等），并使该更改应用到演示文稿中的所有幻灯片，在母版中做的编辑和格式设置，只能在母版中修改，PowerPoint 2010 包含以下几种母版版式。

1. 幻灯片母版版式分类

（1）幻灯片母版：可以调整所有幻灯片的版式效果，单击"视图"选项卡"演示视图"选项组中的"幻灯片母版"按钮，可切换到幻灯片母版视图，如图 9-6 所示，幻灯片母版默认有 12 张幻灯片，第 1 张幻灯片是"Office 主题幻灯片母版"，对其设置是对所有幻灯片版式效果的设置，其他 11 张幻灯片是 PowerPoint 各种版式的母版，对其设置是对应版式幻灯片效果的设置。

图 9-6　幻灯片母版视图

（2）讲义母版：讲义母版主要用来设置幻灯片讲义的格式，通常需要打印出来，提供了 1、2、3、4、6、9 张和幻灯片大纲 7 种打印方式。在讲义母版中插入新的对象或者更改版式时，新的页面效果不会反映在其他母版视图中，如图 9-7 所示。

（3）备注母版：备注母版主要用来设置幻灯片备注的格式，一般也用来打印输出。

图 9-7　讲义母版

图 9-8　"编辑母版"选项组

2. 幻灯片母版的操作

（1）编辑幻灯片母版。

如图 9-8 所示，进入"幻灯片母版"视图后，单击功能区"编辑母版"选项组中的按钮可对其中的幻灯片进行删除、重命名、保留、插入版式及插入幻灯片母版等操作。

（2）幻灯片母版中的文本格式化。

用 PowerPoint 创建的演示文稿都带有默认的版式，这些版式一方面决定了占位符在幻灯片中的大小和位置，另一方面也决定了文本的格式。在幻灯片母版视图中，用户可以根据需要设置母版版式，使其中的文本适应演示文稿的需要。

（3）设置幻灯片母版。

幻灯片母版用于统一演示文稿中幻灯片的版式效果，包括调整占位符的大小和位置，插入或删除占位符，每张幻灯片相同位置均需要显示的内容（文本、图形），幻灯片主题设置等。用户通过更改这些信息，就可以更改整个演示文稿中幻灯片的外观。设置幻灯片母版的操作步骤如下。

① 新建一个空白演示文稿。

② 单击"视图"选项卡"母版视图"选项组中的"幻灯片母版"按钮，切换到幻灯片母版视图。

③ 选择左边窗格中的第 3 张"标题和内容"版式幻灯片，然后在幻灯片窗格中单击"单击此处编辑母版标题样式"占位符边框，标题占位符处于被选中状态。

④ 设置占位符高度为 3.2，宽度为 15，边框线为 1.5 磅、浅蓝、实线，效果如图 9-9 所示。

⑤ 设置占位符文本格式为微软雅黑、32 号、蓝色、两端对齐，效果如图 9-10 所示。

⑥ 关闭幻灯片母版视图，新建多张"标题和内容版式"幻灯片，再新建几张其他版式的幻灯片，并在标题栏里输入内容，按 F5 键放映幻灯片查看效果。

图9-9 占位符格式设置

图9-10 占位符文本格式设置

得出结论：对幻灯片母版中"标题和内容"版式幻灯片的设置只体现在新建的"标题和内容"版式幻灯片中，而其他版式的幻灯片没有变化。

操作4 设置背景图片

用户也可以根据实际需要在幻灯片母版视图中添加、删除或移动背景图片。在幻灯片母版视图中添加图片后，该图片将出现在每张幻灯片的相同位置。在幻灯片母版中插入图片的具体操作步骤如下。

（1）打开需要设置背景图片的演示文稿。

（2）单击"视图"选项卡"演示文稿视图"选项组中的"幻灯片母版"按钮，切换到幻灯片母版视图。

（3）在幻灯片母版视图中选择左侧窗格中的第1张幻灯片。

（4）单击"插入"选项卡"图像"选项组中的"图片"按钮，插入一张或几张合适的图片。

（5）调整图片的大小和位置。

（6）单击"视图"选项卡"演示文稿视图"选项组中的"普通视图"按钮，切换到幻灯片普通视图。

（7）新建多张不同版式的幻灯片，按F5键查看效果。

得出结论：幻灯片母版第1张幻灯片中插入的图形、图像、文本等会出现在所有新建幻灯片的相同位置。

操作5 插入页眉和页脚

在制作幻灯片时，用户可以利用PowerPoint提供的页眉和页脚功能，为每张幻灯片添加相对固定的信息，如在幻灯片的页脚处添加页码、时间、公司名称等内容。单击"插入"选项卡"文本"选项组中的"页眉和页脚"按钮，弹出"页眉和页脚"对话框，如图9-11所示。在该对话框中进行相应的设置，设置完成后单击"全部应用"按钮，设置将应用于当前演示文稿的全部幻灯片中，单击"应用"按钮，设置将只应用与当前幻灯片中，如图9-12所示。

图 9-11 "页眉和页脚"对话框

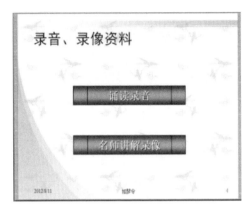

图 9-12 设置了页眉页脚的幻灯片

 知识延伸

使用网格线和标尺

当在幻灯片中添加多个对象后，可以通过显示的网格线或标尺来移动和调整多个对象之间的相对大小和位置。幻灯片中的标尺分为水平标尺和垂直标尺两种。网格线或标尺可以让用户方便、准确地在幻灯片中放置文本或图片对象，利用标尺还可以移动和对齐这些对象，调整文本的缩进。选中"视图"选项卡"显示"选项组中的"网格线或标尺"复选框，可以在幻灯片中显示"网格线"或"标尺"，如图 9-13 所示。

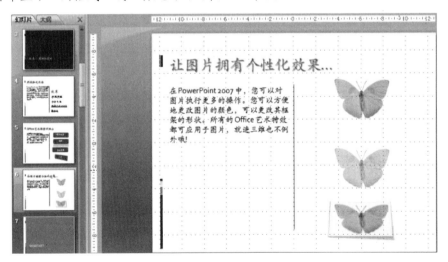

图 9-13 添加标尺和网格线的幻灯片效果

 任务小结

本任务介绍了幻灯片模板的使用和设置方法，这些模板可以提高制作演示文稿的工作效率，为用户提供了高效、快捷的便利工具，即使是初学者也能制作出美观、大方的演示文稿。

为了突出幻灯片的主题，使幻灯片更加具有观赏性和感染力，可以在幻灯片中插入视频和音频等多媒体对象，使演示文稿从画面到声音，多方位地向观众传递信息。本任务将介绍在幻灯片中插入音频和视频的方法，以及对插入的这些多媒体对象设置和控制的方法。

任务目标

（1）掌握在幻灯片中插入音频的方法。

（2）掌握在幻灯片中设置音频属性的方法。

（3）掌握在幻灯片中插入视频的方法。

（4）掌握在幻灯片中设置视频属性的方法。

（5）掌握在幻灯片中插入 Flash 动画的方法。

操作 1　在演示文稿中插入音频

在编辑演示文稿时为了烘托气氛、突出重点，用户可以在演示文稿中添加音频，如音乐、声音、录制的旁白等。

1．插入音频

插入音频的方法如下。

单击"插入"选项卡"媒体"选项组中的"音频"按钮，弹出下拉列表，其内容如下。

（1）文件中的音频：单击该项打开"插入音频"对话框，选择要插入的音频文件并单击"插入"按钮，可以将磁盘中存放的音频插入当前幻灯片中。

（2）剪贴画音频：选择该选项，弹出"剪贴画"窗格，单击要插入的剪贴画音频文件，可以将剪贴画中的音频插入当前幻灯片。

（3）录制音频：选择该选项，弹出"录音"对话框，在该对话框中单击"录音"按钮，开始录音。

2．设置播放选项

在幻灯片中插入音频文件之后，用户可以通过"音频选项"选项组对音频进行设置，使之符合幻灯片主题的需要，具体操作步骤如下。

（1）在幻灯片中选择已经插入的音频文件图标 **错误!超链接引用无效**。

（2）在"音频工具/播放"选项卡的"音频选项"组中进行设置。

① "音量"按钮：单击该按钮，弹出下拉列表，用来设置音量，可选项有低、中、高、静音。

② "开始"列表框：在其下拉列表中可以设置音频文件如何播放，可选项有自动、单击时、跨幻灯片播放。

③ "放映时隐藏"复选框：选中该复选框，设置放映演示文稿时不显示音频图标。

④ "循环播放，直到停止"复选框：选中该复选框，设置音频循环播放，直到演示文稿放映结束。

⑤ "播完返回开头"复选框：选中该复选框，设置音频播放结束返回开头。

3．编辑音频

在 PowerPoint 2010 中可以对音频文件进行剪裁处理，还可以对音频的开头和结尾进行"淡入淡出"效果处理。使得插入的音频文件更符合演示文稿的需要。编辑音频的操作步骤如下。

（1）选择幻灯片中要编辑的音频文件图标。

（2）单击"音频工具/播放"选项卡"编辑"选项组中的"剪裁音频"按钮，弹出"剪裁音频"对话框，在该对话框中移动绿色和红色滑块，设定音频文件的开始位置和结束位置，也可以在"开始时间"和"结束时间"数值框中输入精确时间。

（3）单击"剪裁音频"对话框中的播放按钮，试听效果，如果满意，单击"确定"按钮。

（4）在"淡入"、"淡出"时间框中输入淡化持续时间，试听效果，直到满意。

4．删除音频

在演示文稿中插入的音频文件不满足要求或不再需要时，可将其删除。删除幻灯片中音频文件的方法：选择要删除的音频文件，按【Delete】键。

操作 2 ━━ 在演示文稿中插入视频

在演示文稿中插入视频，可以丰富演示文稿的内容，增强演示效果。

1．插入视频

在演示文稿中插入视频的操作方法与插入音频类似，操作步骤如下。

单击"插入"选项卡"媒体"选项组中的"视频"按钮，弹出下拉列表，包含如下内容。

（1）文件中的视频：选择该项，弹出"插入视频"对话框，选择要插入的视频文件并单击"插入"按钮，可以将磁盘中存放的视频插入当前幻灯片。

（2）剪贴画视频：选择该项，弹出"剪贴画"窗格，单击要插入的剪贴画视频文件，可以将剪贴画中的视频插入当前幻灯片。

2．设置播放选项

在幻灯片中插入视频文件之后，用户可以通过"视频选项"选项组对视频进行设置，使之符合幻灯片主题的需要，操作步骤如下。

（1）在幻灯片中选择已经插入的视频文件图标。

（2）在"视频工具/播放"选项卡的"视频选项"选项组中进行设置。

① "音量"按钮：单击该按钮，弹出下拉列表，用来设置视频播放时声音音量，可选项

有低、中、高、静音。

②　"开始"列表框：在其下拉列表中可以设置视频文件如何播放，可选项有自动、单击时。

③　"未播放时隐藏"复选框：勾选该复选框，设置放映演示文稿时，在视频文件未演放时不显示视频图标。

④　"循环播放，直到停止"复选框：选中该复选框，设置视频循环播放，直到演示文稿放映结束。

⑤　"播完返回开头"复选框：选中该复选框，设置视频播放结束返回开头。

3．编辑视频

在 PowerPoint 2010 中可以对视频文件进行剪裁处理，还可以对视频的开头和结尾进行"淡入淡出"效果处理。使得插入的视频文件更符合演示文稿的需要。编辑视频的操作步骤如下。

（1）选择幻灯片中要编辑的视频文件图标。

（2）单击"视频工具/播放"选项卡"编辑"选项组中的"剪裁视频"按钮，弹出"剪裁视频"对话框，在该对话框中移动绿色和红色滑块，设定视频文件的开始位置和结束位置，也可以在"开始时间"和"结束时间"数值框中输入精确时间。

（3）单击"剪裁视频"对话框中的播放按钮，观看效果，如果满意，单击"确定"按钮。

（4）在"淡入"、"淡出"时间框中输入淡化持续时间，观看效果，直到满意。

4．设置视频格式

在 PowerPoint 2010 中，可以对插入的视频文件像图片一样进行格式设置，包括亮度及对比度的设置、颜色的设置、标牌框架的设置、视频样式的设置、大小、位置的设置以及裁剪等，其中视频样式的设置包括视频形状、视频边框、视频效果的设置，操作步骤如下。

（1）选择幻灯片中要编辑的视频文件图标。

（2）单击"视频工具/播放"选项卡"调整"选项组中的"更正"按钮，弹出"亮度对比度"列表，选择合适的亮度及对比度，播放视频观看效果。

（3）单击"视频工具/播放"选项卡"调整"选项组中的"颜色"按钮，弹出"重新着色"列表，选择合适的颜色，播放视频观看效果。

（4）单击"视频工具/播放"选项卡"调整"选项组中的"重置设计"按钮，弹出"重置设计"列表，选择"重置"按钮，播放视频观看效果。

（5）单击"视频工具/播放"选项卡"调整"选项组中的"标牌框架"按钮，弹出"标牌框架"列表，选择"文件中的图像"选项，弹出"插入图片"对话框，选择要插入的图片并单击"插入"按钮，播放视频观看效果。

（6）单击"视频工具/播放"选项卡"调整"选项组中的"标牌框架"按钮，单击"重置"按钮，播放视频观看效果。

（7）单击"视频工具/播放"选项卡"视频样式"选项组中的 按钮，在弹出的列表中选择"强烈"中的"棱台左圆角矩形"选项，播放视频观看效果。

（8）单击"视频工具/播放"选项卡"视频样式"选项组中的"视频形状"按钮，在弹出的列表中单击"基本形状"中的"十字形"选项，播放视频观看效果。

5. 删除视频

删除幻灯片中视频文件的方法：选择要删除的视频文件，按【Delete】键即可删除视频。

知识延伸

在演示文稿中插入 Flash 动画

除了在幻灯片中插入音频和视频外，还可以插入 SWF 格式的 Flash 动画（GIF 格式的动画可直接用插入图片的方式插入），该类型的动画具有小巧灵活的优点。在插入 Flash 动画之前，需要先在计算机中安装 Flash Player。在演示文稿中插入 Flash 动画的操作步骤如下。

（1）在演示文稿中执行"文件→选项→自定义功能区→从下列位置选择命令→常用命令→主选项卡→开发工具→添加→确定"操作，将"开发工具"选项卡添加到演示文稿选项卡中。

（2）选择要插入 Flash 动画的幻灯片，单击"开发工具"选项卡"控制"选项组中的"其他控件"按钮，弹出"其他控件"对话框，在控件列表中，选择"Shockwave Flash Object"选项，如图 9-14 所示，单击"确定"按钮。

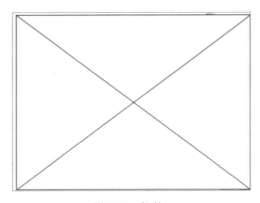

图 9-14　"其他控件"对话框　　　　　　　　图 9-15　控件

（3）在幻灯片中拖动鼠标以绘制控件，拖动控制点调整控件的大小，如图 9-15 所示。

（4）右击幻灯片中的 Shockwave Flash Object 控件，在弹出的快捷菜单中选择"设置控件格式"选项，在弹出的"设置控件格式"对话框中可以设置 Shockwave Flash Object 控件的外观，如图 9-16 所示。

（5）右击幻灯片中的 Shockwave Flash Object 控件，在弹出的快捷菜单中选择"属性"选项，弹出"属性"对话框，在 Movie 属性右侧的文本框中输入计算机中 Flash 动画的存储路径，当播放演示文稿时，将自动播放 Flash 动画，如图 9-17 所示。

图 9-16　"设置控件格式"对话框

图 9-17　"属性"对话框

本任务主要介绍了在幻灯片中添加音频和视频的方法。通过学习，用户可以根据需要将自己的幻灯片制作的有声有色、主题鲜明，通过音频和视频的添加，使幻灯片更加具有吸引力与冲击力。

PowerPoint 可以为演示文稿中的文本、图形、图像和多媒体对象设置动画，放映时会按照设定的方式产生动画效果，不仅可以使幻灯片的主题更加突出，还能增加幻灯片的观赏性和趣味性。PowerPoint 2010 提供了丰富的动画效果，用户可以设置幻灯片的切换动画和对象动画。本任务将介绍在幻灯片中对对象进行动画设置，以及为幻灯片设置切换动画的方法。

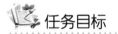

（1）熟练掌握幻灯片的切换效果的设置方法。

（2）熟练掌握幻灯片动画的设置方法。

操作1　设置幻灯片的切换效果

幻灯片切换效果是指在放映演示文稿的过程中，从一张幻灯片过渡到下一张幻灯片的动画效果。幻灯片切换方式可以为一组幻灯片设置同一种切换效果，也可以为每张幻灯片设置不同的切换效果。在"幻灯片浏览视图"视图中，可以方便地为各幻灯片添加切换效果。

设置幻灯片的切换方式可以单击"切换"选项卡"切换到此幻灯片"组中切换效果区右

下角的"其他"按钮 ，弹出切换效果列表，如图 9-18 所示，其中提供了多种切换效果，用户可根据喜好和需要进行选择。

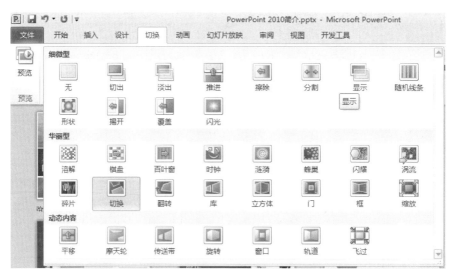

图 9-18　幻灯片切换动画效果库

PowerPoint 2010 切换动画主要分为细微型、华丽型和动态内容三大类，共 34 个动画，设置幻灯片切换方式的操作步骤和方法如下。

（1）打开保存有多张幻灯片的演示文稿，选择需要添加切换效果的幻灯片，单击"切换"选项卡"切换到此幻灯片"选项组中的"其他"按钮 ，在弹出的下拉列表中选择一种切换效果。

（2）此时幻灯片添加了切换效果，单击"切换"选项卡"预览"选项组中的"预览"按钮即可预览动画效果。

（3）当为幻灯片添加切换效果后，左边幻灯片窗格的幻灯片缩略图上将会出现播放动画按钮 ，单击该按钮也能够预览幻灯片切换效果。单击"其他"按钮，在弹出的幻灯片切换效果列表中选择"无"选项，可取消幻灯片切换效果。

（4）选择添加了切换效果的幻灯片，在"切换"选项卡"计时"选项组中的"声音"下拉列表中选择一种声音，可设置幻灯片切换的声音效果。

（5）在"持续时间"微调框中输入数值，可以设置切换效果的持续时间。

（6）在"切换"选项卡的"计时"选项组中的勾选"设置自动换片时间"复选框，在后面的微调框中输入切换时间值，在放映幻灯片时，将在指定时间之后自动切换到下一张幻灯片。

（7）勾选"单击鼠标时"复选框，则幻灯片放映时，单击能够切换到下一张幻灯片。

（8）切换效果还可以在"切换"选项卡"切换到此幻灯片"选项组中的"效果选项"中设置。

（9）在为一张幻灯片添加切换效果后，要使演示文稿中所有幻灯片都具有这种切换效果，可以单击"全部应用"按钮。

操作 2　设置动画效果

在 PowerPoint 中，除了可以为幻灯片设置切换效果外，还可以为幻灯片中的文本、图形、图像及表格等对象设置动画效果。PowerPoint 2010 提供了四类动画效果：进入动画、强调动画、退出动画和动作路径动画。

1．进入动画

进入动画可以设置对象进入放映屏幕时的动画效果，也就是对象"从无到有"，添加进入动画的操作步骤如下。

（1）选定幻灯片中要设置动画的对象（如文本、图形等）。

（2）单击"动画"选项卡"动画"选项组右下角的"其他"按钮 ，打开动画效果列表。

（3）单击"形状"按钮，打开动画效果列表，如图 9-19 所示，此时在幻灯片窗格将自动演示"形状"进入动画效果。

（4）如果此处列出的进入效果不能满足需要，可在列表下方单击"更多进入动画效果"按钮，弹出"更改进入效果"对话框，添加更多进入动画效果，如图 9-20 所示。

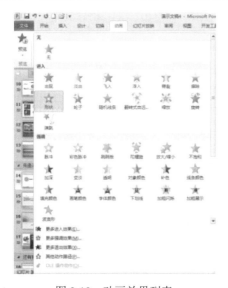

图 9-19　动画效果列表

图 9-20　"更改进入效果"对话框

2．强调动画

强调动画是为了突出幻灯片中的某部分内容而设置的特殊动画效果，添加强调动画的过程和添加进入动画大体相同。添加强调动画的操作步骤如下。

（1）选定幻灯片中要设置动画的对象（如文本、图形等）。

（2）单击"动画"选项卡"动画"选项组中右下角的"其他"按钮 ，打开动画效果列表。

（3）选择"陀螺旋"强调动画效果，如图 9-21 所示，此时在幻灯片窗格将自动演示"陀螺旋"强调动画效果。

（4）如果此处列出的强调效果不能满足需要，可在列表下方单击"更多强调动画效果"命令，打开"更改强调效果"对话框，添加更多强调动画效果，如图9-22所示。

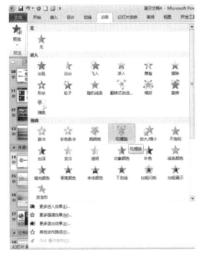

图9-21　强调动画效果列表　　　　　图9-22　"更改强调效果"对话框

3．退出动画

退出动画可以设置对象退出放映屏幕时的动画效果，也就是让对象"从有到无"。添加退出动画的过程和添加进入、强调动画效果大体相同。添加退出动画的操作步骤如下。

（1）选定幻灯片中要设置动画的对象（如文本、图形等）。

（2）单击"动画"选项卡"动画"选项组右下角的"其他"按钮，打开动画效果列表。

（3）单击"缩放"按钮退出动画效果，如图9-23所示，此时在幻灯片窗格将自动演示"缩放"退出动画效果。

（4）如果此处列出的退出效果不能满足需要，可在列表下方单击"更多退出效果"命令，弹出"更改退出效果"对话框，添加更多退出动画效果，如图9-24所示。

图9-23　退出动画效果列表　　　　　图9-24　"更改退出效果"对话框

4．动作路径动画

动作路径可以指定对象沿预定的路径运动。PowerPoint 中的动作路径动画不仅提供了大量预设路径效果，还可以由用户自定义路径动画。添加动作路径动画的操作步骤如下。

（1）选定幻灯片中要设置动画的对象（如文本、图形等）。

（2）单击"动画"选项卡"动画"选项组中右下角的"其他"按钮，弹出动画效果列表。

（3）单击"弧形"动作路径动画效果，如图 9-25 所示，此时在幻灯片窗格将自动演示"弧形"动作路径动画效果。

（4）也可以单击"自定义路径"按钮，在幻灯片上按住鼠标左键绘制路径，按【Esc】键完成路径设置。

（5）如果此处列出的动作路径动画效果不能满足需要，可在列表下方单击"其他动作路径"按钮，弹出"更改动作路径"对话框，添加更多动作路径动画效果。如图 10-26 所示。

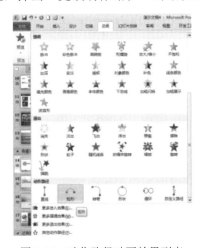

图 9-25　动作路径动画效果列表

图 9-26　"更改动作路径"对话框

5．编辑动画

为幻灯片对象设定了动画效果后，还可以对动画效果进行编辑处理，编辑幻灯片动画效果的操作步骤和设置方法如下：

◆ 添加动画：打开保存有多张幻灯片的演示文稿，选择需要添加动画效果的幻灯片对象，单击"动画"选项卡"动画"选项组中的"其他"按钮，在弹出的下拉列表中选择一种动画效果。

◆ 预览动画：单击"动画"选项卡"预览"选项组中的"预览"按钮即可预览动画效果。

◆ 预览与取消动画：为幻灯片添加动画效果后，左边幻灯片窗格的幻灯片缩略图上将会出现播放动画按钮，单击该按钮能够预览幻灯片动画效果。如果要取消添加的动画效果，可以单击"其他"按钮，在弹出的幻灯片动画效果列表中选择"无"选项。

◆ 开始播放动画：选择添加了动画效果的幻灯片对象，在"动画"选项卡"计时"选项组中的"开始"下拉列表中选择动画效果是在"单击时"、"上一动画同时"或"上一动画之后"播放。

◆ 持续时间：在"持续时间"微调框中输入数值，可以设置动画效果的持续时间。

◆ 延迟：在"延迟"微调框中输入数值，可以设置延迟几秒钟播放动画。

◆ 播放顺序：单击"向前移到"或"向后移动"按钮可以调整动画对象的播放顺序。

◆ 效果选项：动画效果还可以在"动画"选项卡"动画"选项组中的"效果选项"中进行设置，不同的动画可设置的效果选项不同。

◆ 添加动画：单击"动画"选项卡"高级动画"选项组中的"添加动画"按钮，弹出动画库列表，选择需要的动画效果，可以为幻灯片中的同一对象添加多个动画效果。

◆ 动画窗格：在动画窗格中可以选择某个或多个动画效果，方便对动画效果的编辑，如调整动画顺序、添加或更改动画效果、删除一个或多个动画等。

◆ 动画刷：PowerPoint 2010 新增的动画刷可以像文本格式刷一样，将某一对象的所有动画格式复制给其他对象。

◆ 更改动画：单击"动画"选项卡"动画"选项组中的"其他"按钮，弹出动画库列表，选择需要的动画效果，可以更改当前动画效果。

 知识延伸

动画窗格"效果选项"应用

为对象添加了动画效果后，该对象就应用了默认的动画格式。单击"动画"选项卡"高级动画"选项组中的"动画窗格"按钮，弹出"动画窗格"窗格，单击其中一个动画效果，弹出下拉列表，单击列表框右边的下拉箭头，弹出下拉列表，选择"效果选项"选项，弹出"效果选项"对话框，不同动画效果弹出的对话框不完全相同，下面以"放大/缩小"动画为例了解"效果选项"对话框的设置。

"放大/缩小"动画效果的"效果"选项卡的功能如图 9-27 所示。

◆ "尺寸"下拉列表：设置放大/缩小的比例。

◆ "平滑开始"滑块、微调框：动画从静止到动画动作正常速度的时间。

◆ "平滑结束"时间滑块、微调框：动画从动画动作正常速度到静止的时间。

◆ "弹跳结束"时间滑块、微调框：设置动画结束时弹跳的时间。

◆ "自动翻转"复选框：选中"自动翻转"复选框，动画将从头播放到尾，再从尾播放到头。

◆ "声音"下拉列表：可选一个音频文件随动画一起播放。

◆ "动画播放后"下拉列表：可设置动画播放后对象状态的变化。

◆ "动画文本"下拉列表：设置文本发送的方式。

"放大/缩小"动画效果的"计时"选项卡的功能如图 9-28 所示。

◆ "开始"下拉列表：设置动画效果激活的方式。

◆ "延迟"微调框：设置动画效果延迟播放的时间。

◆ "期间"下拉列表：设置播放速度，分五档非常慢（5秒）、慢速（3秒）、中速（2

秒）、快速（1 秒）、非常快（0.5 秒）。

◆ "重复"下拉列表：设置动画播放的次数。

◆ "播放完快退"复选框：选中"播放完快退"复选框，动画动作播放完成后快速复原。

图 9-27 "效果"选项卡

图 9-28 "计时"选项卡

任务小结

本任务主要介绍了为幻灯片添加动画的方法，包括幻灯片切换动画和幻灯片中对象的动画效果，动画效果的设置可以使幻灯片的播放更具活力，动画效果的设置并不是一成不变的，用户可以根据自己的需要对动画效果进行组合使用，可以设置进入效果、强调效果、退出效果等，各种效果的合理搭配可以使幻灯片更具魅力。

实战演练 1 制作国画欣赏幻灯片

演练目标

利用幻灯片中艺术字、图片、自选图形和幻灯片动画效果的设置等相关知识制作国画欣赏幻灯片。通过本演练应熟练掌握 PowerPoint 2010 的强大功能应用，最终效果如图 9-29所示。

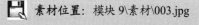

素材位置：模块 9\素材\003.jpg

效果图位置：模块 9\源文件\国画欣赏.pptx

目标效果：首先出现标题和背景，然后在屏幕中央出现两根画轴，两根画轴缓缓向两边打开，随着画轴的展开，展现一幅作品。

 演练分析

操作思路及具体分析如下：

（1）启动 PowerPoint 2010，应用主题为"行云流水"，在幻灯片的标题占位符内输入"国画欣赏"，设置字号为 72 号，艺术字样式为第五行第三列。

（2）删除副标题占位符，然后插入图片模块"9\素材\003.jpg"，调整好图片的大小和位置。

（3）使用矩形工具绘制一个矩形，设置其高度和图片一样，宽为 1 厘米，作为画轴。绘制一个圆，设置圆的高度和宽度都为 1 厘米，然后复制圆，分别将两个圆移动到画轴的上端和下端，并把它们置于画轴的下一层。调整好三者的位置，然后组合图形。

（4）选中组合图形，分别执行"开始→绘图→形状填充→渐变→线性向右"操作，"形状轮廓→无轮廓"操作，"形状效果→阴影→向右偏移"操作，"形状填充→纹理→深色木质"操作，完成第 1 根画轴的制作。复制得到第 2 根画轴，将两根画轴放置在图形的中央（使用网格线或标尺可查找中央位置）。

（5）选择国画图形，单击"动画"选项卡"动画"选项组中的"其他"按钮，弹出动画库列表，单击"进入"动画列表中的"劈裂"动画，执行"效果选项"→"中央向左右展开"操作，设置"计时"→"持续时间"→"3 秒"。

（6）选中右边的画轴，设置其动画如下：进入动画"出现"、与上一动画同时；动作路径动画"向右"、与上一动画同时、速度为"慢速"（3 秒），调整路径的长度，使之到达图画的右侧，并在"效果选项"对话框中将"平滑开始"和"平滑结束"的值都设为"0"。

（7）将第 2 根画轴的动作路径动画改为"向左"，其余设置同上。

图 9-29　国画欣赏幻灯片

（8）保存演示文稿。

（9）按【F5】键放映并观看效果。

实战演练 2　制作国宝总动员演示文稿

 演练目标

利用幻灯片母版的设置、幻灯片切换效果的设置、幻灯片动画的设置、页眉页脚的设置，

在幻灯片中插入视频等操作，制作国宝总动员演示文稿，部分幻灯片最终效果如图 9-30 所示。

> 素材位置：模块 9\素材\皇家风尚.jpg、国宝总动员.jpg、婴儿枕.jpg、玉鸭.jpg、玉辟邪.jpg、国宝总动员.mpg
>
> 效果图位置：模块 9\源文件\国宝总动员.pptx

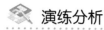 演练分析

操作思路及具体分析如下：
（1）打开 PowerPoint 2010 演示文稿，应用"龙腾四海"主题。
（2）在幻灯片母版中插入相应图片并调整好大小和位置。
（3）输入文本内容并进行格式设置。
（4）插入相应图片，并进行裁剪。
（5）给幻灯片插入页眉、页脚。
（6）为文本和图形添加动画效果，为幻灯片添加切换效果。
（7）在最后一张幻灯片中插入电影文件"国宝总动员.mpg"，并进行相应的设置，如图 9-31 所示。

图 9-30　国宝总动员演示文稿部分幻灯片最终效果

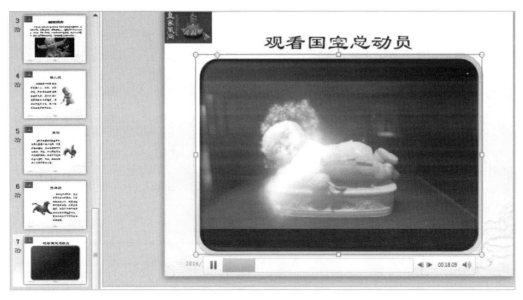

图 9-31　插入视频文件的幻灯片

拓展与提升

根据本模块所学内容，动手完成以下课后练习。

　素材位置：模块 9\素材\

　　　　效果图位置：模块 9\源文件\员工激励机制.pptx

课后练习 1　制作员工激励机制演示文稿

本练习要求利用幻灯片形状的设置、幻灯片切换效果的设置、幻灯片动画的设置等操作，制作员工激励机制演示文稿，其幻灯片最终效果如图 9-32 所示。

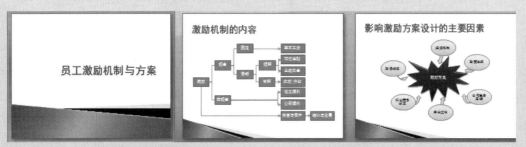

图 9-32　员工激励机制演示文稿

课后练习 2　制作宽屏演示文稿

　素材位置：模块 9\素材\蝴蝶.jpg、图表 1.png、向日葵.jpg

　　　　效果图位置：模块 9\源文件\宽屏演示文稿.pptx

本练习将制作宽屏演示文稿，在了解宽屏演示文稿制作方法的同时，进一步熟悉幻灯片母版的设置、绘制和设置图形、设置幻灯片切换效果、设置幻灯动画效果等操作。幻灯片的最终效果如图 9-33 所示。

　　练习 2 所使用的宽屏演示文稿是 PowerPoint 2010 自带的模板文件，本练习的目的是要求通过自己亲手制作宽屏演示文稿，体会并掌握演示文稿制作过程中，主题设计、颜色应用等方面的知识，从而制作出精美的演示文稿。

图 9-33　宽屏演示文稿部分效果图

模块 10

幻灯片放映

内容摘要

　　设计演示文稿的最终目的是播放，PowerPoint 2010 提供了灵活、方便的幻灯片放映方式，可以满足不同用户在不同环境放映的需要。用户可以选择最为理想的放映速度与放映方式，使幻灯片放映结构清晰、节奏明快、过程流畅。

学习目标

📖 掌握幻灯片放映的方法。
📖 掌握创建超链接的方法。
📖 掌握演示文稿输出的方法。
📖 掌握演示文稿打印的方法。

任务目标

本任务的目标是掌握幻灯片的各种放映方式和设置幻灯片放映的操作。

本任务的具体目标要求如下：

（1）熟练掌握幻灯片的各种放映方式。

（2）掌握自定义幻灯片放映的方法。

（3）掌握设置幻灯片放映时间的方法。

操作 1　幻灯片的放映方式

幻灯片的放映方式是指放映时的播放类型和播放范围，主要是为了适应不同场合的需求。设置幻灯片的放映方式可通过"设置放映方式"对话框进行，如图 10-1 所示。打开"设置放映方式"对话框的方法是单击"幻灯片放映"选项卡中的"设置幻灯片放映"按钮。

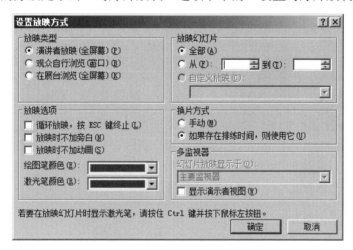

图 10-1　"设置放映方式"对话框

幻灯片的放映类型主要有以下几种。

（1）演讲者放映。

这下是最常用的放映方式，以全屏方式放映。演讲者可以采用手动或自动方式进行放映，也可以直接切换到演示文稿中任一张幻灯片中进行放映。演讲者对幻灯片的放映具有完整的控制权。

（2）观众自行放映。

以窗口方式放映，在放映的同时，观众可以通过使用垂直滚动条快速切换幻灯片，也可以对幻灯片进行复制和打印等操作。

（3）在展台浏览。

以全屏方式自动放映，适用于展览会场或会议等，这种放映方式需要事先为幻灯片的所有动画设计好放映时间，并选择"设置放映方式"对话框中的"换片方式"为"如果存在排练时间，则使用它"。这种方式会循环放映，直到按【Esc】键退出。

操作 2 自定义放映幻灯片

自定义放映是指用户可以根据需要选择放映演示文稿中的某些幻灯片，使一个演示文稿适用于多种观众，以便为特定的观众放映演示文稿中的特定部分。可以有多种实现方法，这里介绍以下两种常用的方法。

（1）单击"幻灯片放映"选项卡中的"自定义幻灯片放映"按钮，弹出"自定义放映"对话框，如图 10-2 所示。单击"新建"按钮，在弹出的"定义自定义放映"对话框中选择需要的幻灯片，如图 10-3 所示

图 10-2　"自定义放映"对话框　　　　图 10-3　添加了自定义项的对话框

（2）使用 PowerPoint 2010 的"隐藏幻灯片"功能，即在放映时不显示隐藏了的幻灯片。选中要设置为隐藏的幻灯片，单击"幻灯片放映"选项卡中的"隐藏幻灯片"按钮，可将选定的幻灯片隐藏。再次单击"隐藏幻灯片"按钮可以撤销隐藏，设置为隐藏的幻灯片，在幻灯片视图和幻灯片浏览视图中可看到幻灯片编号上的隐藏标记。

操作 3 设置放映时间

幻灯片放映时，默认方式是通过单击或按空格键切换到下一张幻灯片。用户可以设置幻灯片的放映时间，使其自动播放。设置放映时间有两种方式：人工设定时间和排练计时。

（1）人工设时：人工设置幻灯片放映时间是通过设置幻灯片切换效果实现的。如图 10-4 所示，勾选"切换"选项卡"计时"选项组中的，"设置自动换片时间"复选框，在其右侧的微调框中输入时间间隔，这个时间就是当前幻灯片或所选定幻灯片的放映时间。如果要使所有幻灯片都使用这个时间间隔，则可单击左侧的"全部应用"按钮。

图 10-4　"切换"选项卡功能区

（2）排练计时：如果用户对人工设定的放映时间不满意或没有把握，可以在排练幻灯片的过程中自动记录每张幻灯片放映时间。单击"幻灯片放映"选项卡"设置组"选项组中的"排练计时"按钮，切换到幻灯片放映视图，同时屏幕上出现如图 10-5 所示的"录制"工具栏。

图 10-5　"录制"工具栏

在"录制"工具栏中，第 1 个时间框是当前幻灯片的计时，第 2 个时间框是幻灯片放映总共所用的时间。当所有幻灯片放映完或中断排练计时时，将弹出一个对话框，用户决定是否接受排练时间。

操作 4　利用超链接控制放映

在 PowerPoint 中，利用超链接控制幻灯片的放映，有创建超链接和创建动作按钮两种方式。若在演示文稿中创建了超链接，可实现幻灯片之间的任意跳转，是解决放映时幻灯片播放顺序的主要方法。

1．创建超链接

用户可以为幻灯片中的文本、图形、图片等对象添加超链接。当放映幻灯片时，将鼠标指针移动到这些对象上，鼠标指针会变成手形，单击即可切换到演示文稿中指定的幻灯片或执行指定的程序。演示文稿不再是从头到尾播放的线性模式，而是具有了一定的交互性，能够按照预先设定的方式，在适当的时候放映需要的内容，创建超链接的操作步骤如下。

（1）插入超链接。
① 选定要设置超链接的对象。
② 单击"插入"选项卡"链接"选项组中的"超链接"按钮。
③ 弹出"插入超链接"对话框，如图 10-6 所示，选定要插入的超链接对象。
④ 单击"确定"按钮。
（2）编辑超链接。
创建超链接后，用户可能根据需要重新设置超链接，操作步骤如下。
① 选择需要更改超链接的对象。
② 右击对象，在弹出的快捷菜单中选择"编辑超链接"命令，弹出"编辑超链接"对话

框，在该对话框中完成更改操作。

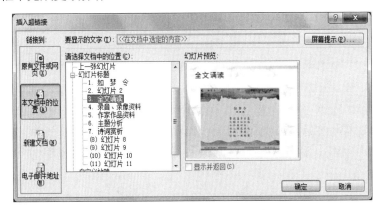

图 10-6　"插入超链接"对话框

（3）删除超链接。

右击要删除的超链接对象，在弹出的快捷菜单中选择"删除超链接"选项。

2．设置动作

动作按钮是 PowerPoint 中预先设置好的一组带有特定动作的图形按钮，这些按钮被预先设置为指向"前一张"、"后一张"、"第一张"、"播放声音"及"播放电影"等链接，应用这些预置好的按钮，可以实现在放映幻灯片时跳转的目的。

（1）绘制动作按钮。

在幻灯片中绘制动作按钮的操作步骤如下。

① 打开一个演示文稿，选择需要设置动作按钮的幻灯片。

② 单击"插入"选项卡"插图"选项组中的按钮，在下拉列表中选择"动作按钮"区域的"开始"图标，如图 10-7 所示。

③ 在幻灯片中按住鼠标左键不放，拖动到适当位置处释放，弹出"动作设置"对话框。

④ 在"动作设置"对话框的"单击鼠标"选项卡中，设置"超链接到""第一张幻灯片"。

⑤ 单击"确定"按钮，完成动作按钮的创建。

（2）在文本或图形对象上添加动作。

在演示文稿中可以为文本或图形添加动作按钮，操作步骤如下。

① 在幻灯片上选择要添加动作的文本或图形。

② 单击"插入"选项卡"链接"选项组中的"动作"按钮，弹出"动作设置"对话框。

③ 在"动作设置"对话框中选中"单击鼠标"选项卡中的"超链接到"单选按钮，在下拉列表中选择需要的设置。

④ 单击"确定"按钮，完成动作设置。

图 10-7　动作按钮

录制旁白

　　放映幻灯片时，为了便于观众理解，一般演示者会同时进行讲解，但有时演示者不能参加演示文稿的放映或需要自动放映演示文稿，这时可以使用录制旁白的功能，也就是为演示文稿增加解说词，在放映状态下主动播放语音说明。录制旁白需要用户的计算机上安装声卡、麦克风等，如果没有相应的硬件设备，录制旁白的功能不能使用。录制旁白的方法是：单击"幻灯片放映"选项卡"设置"选项组中的"录制幻灯片演示"按钮，弹出"录制幻灯片演示"对话框，单击"开始录制"按钮进行录制，如图10-8所示。使用"录制幻灯片演示"按钮中的"清除"命令可以清除当前或全部幻灯片中的计时或旁白。

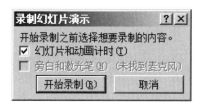

图10-8　"录制幻灯片演示"对话框

　　本任务介绍了幻灯片放映需要进行的设置和方法，包括幻灯片放映的方法、设置放映时间以及在幻灯片中添加动作按钮和超链接的方法等。需要注意的是，不同的环境和观众要有不同的放映方式，，如要在 LED 上放映幻灯片，就要选择展台放映的方式；要对幻灯片中的内容进行讲解、演说时，一般应选择演讲者放映，通过讲解者的讲述和肢体语言更好地反映幻灯片中的内容，使讲解或演说更精彩。例如，使用幻灯片为员工介绍公司的激励机制，对新员工应侧重讲解公司的基本情况和福利待遇以及优秀员工等；对于原有员工就应侧重于讲解荣誉与晋升、培训与发展等问题。

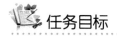

　　本任务的目标是掌握幻灯片的各种输出方式和打印幻灯片的操作。

　　本任务的具体目标要求如下：

　　（1）掌握演示文稿的输出的各种方式。

　　（2）掌握打包演示文稿的方法。

　　（3）掌握演示文稿页面设置的方法。

（4）掌握打印演示文稿的各种方法。

操作1　演示文稿的多种输出方式

用户可以将演示文稿输出为多种格式，以满足用户多用途的需要。在 PowerPoint 2010 中，除了可以将演示文稿保存为 PowerPoint 演示文稿默认格式 PPTX 外，还有如下几种输出方式。

◆ "PowerPoint 放映"格式（PPTX 格式）：将演示文稿保存为总是以幻灯片放映的形式打开演示文稿的格式。

◆ "PowerPoint 97-2003 演示文稿"格式（PPT 格式）：主要是为了兼容以前版本的 PowerPoint 产品。

◆ "PDF 或 XPS"格式：PDF 或 XPS 格式的文件都是电子文件格式，结构稳定，特别适合用来打印和阅读。

◆ "JPEG"图片格式：可以将选定幻灯片或全部幻灯片保存为 JPEG 图片格式。

◆ Windows Media 视频（*.wmv）：将演示文稿保存为视频文件。

◆ 输出为其他图形文件格式：PowerPoint 支持将演示文稿中的幻灯片输出为 GIF、JPG、PNG、TIFF、BMP、WMF 及 EMF 等格式的图形文件。这有利于用户在更大范围内交换或共享演示文稿中的内容。

操作2　打印演示文稿

1. 演示文稿的页面设置

在打印演示文稿前，可以根据自己的需要对打印页面进行设置，使打印的形式和效果更符合实际需要。单击"设计"选项卡"页面设置"选项组中的"页面设置"按钮，在弹出的"页面设置"对话框中，对幻灯片输入的纸张大小、幻灯片编号和方向进行设置，页面设置决定了幻灯片在屏幕和打印纸上的尺寸和放置方向，如图 10-9 所示。

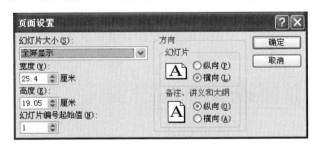

图 10-9　"页面设置"对话框

2. 打印演示文稿

在 PowerPoint 中可以将制作好的演示文稿打印出来。在打印时，根据不同的目的将演示文稿打印为不同的形式，在"打印"对话框中，可以对打印份数、打印范围、"打印内容"（幻灯片、讲义、备注和大纲视图）和"颜色/灰度"（颜色、灰度和纯黑白）等打印参数进行设置，如图 10-10 所示。

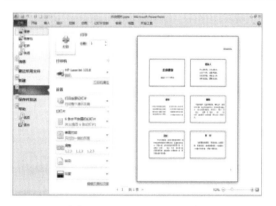

图 10-10　"打印"对话框

打包演示文稿

　　PowerPoint 2010 中提供了将演示文稿打包成 CD 的功能，在安装有刻录光驱的计算机上可以方便地将制作的演示文稿及其链接的各种媒体文件一次性打包到 CD 上，也可以直接把 CD 数据打包复制到本地磁盘中。将演示文稿打包成 CD 的方法：单击"文件"选项卡"保存并发送"选项组中的"将演示文稿打包成 CD"按钮，单击右边的"打包成 CD"按钮，在弹出的"打包成 CD"对话框中进行相应设置，根据需要单击"复制到文件夹"或"复制到 CD"按钮。打包后的演示文稿文件在没有安装 PowerPoint 的计算机上，运用其他播放器同样可以进行播放。

　　本任务介绍了幻灯片输出的各种方式和打印幻灯片的操作，包括演示文稿输出的各种方式，演示文稿页面设置的方法，打印演示文稿的各种方法等。

实战演练　制作规章制度演示文稿

　　利用幻灯片母版的设置、插入图形和为图形对象设置格式，插入 GIF 格式动画、应用 SmartArt 图形对象、插入表格和设置表格格式、插入和编辑超链接、幻灯片切换效果的设置等操作来制作规章制度演示文稿，其部分幻灯片最终效果如图 10-11 所示。

　　　素材位置：模块 10\素材\008.jpg，LOGO.gif
　　　效果图位置：模块 10\源文件\规章制度.pptx

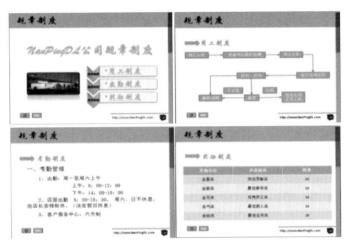

图 10-11　规章制度演示文稿部分幻灯片效果图

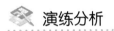 演练分析

操作思路及具体分析如下。

在演示文稿的制作过程中，尽量不要用太多的颜色，颜色太多会显得过于零乱，本实训制作的演示文稿主要用两种色彩，橄榄色和黑色。所有的图形、文字尽量都不使用其他颜色。

（1）新建一个空白演示文稿，切换到幻灯片母版视图，选中第一张母版幻灯片，进行如图 10-12 所示设置。

① 在上面插入矩形框，调整大小和位置，如图 10-12 所示，填充颜色为"橄榄色、无轮廓"；输入文字"规章制度"，格式为"华文行楷、黑色、44 磅、左对齐"。

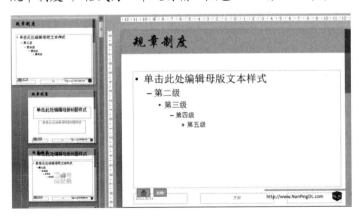

图 10-12　编辑规章制度演示文稿母版

② 在右边插入两个矩形框，调整大小和位置，如图 10-12 所示，上面的矩形框填充色为"黑色（50%透明）"、无轮廓，下面的矩形框填充色为"橄榄色、无轮廓"。

③ 左下角第一个动作按钮为"插入→插图组→形状→动作按钮类→第一张"，第二个动作按钮为"插入→插图组→形状→动作按钮类→自定义"，动作按钮的样式为"绘图工具/格式→形状样式库→第二行第四个（彩色填充-橄榄色-强调颜色 3）"，在第二个动作按钮上添加文字"END"。

④ 右下角 LOGO 为 Flash 动画文件 LOGO.gif（GIF 格式动画插入方法和插入图片方法一样），在 LOGO 前面输入网址 http://wwwnanpingdl.com.，在其上面插入橄榄色线条。

⑤ 关闭幻灯片母版视图。

（2）第一张幻灯片标题文字为华文行楷，54 号，艺术字样式为第一行第五列（填充-强调文本颜色 3，轮廓-文本 2），如图 10-13 所示。图片文件为"模块 2\素材\008.jpg"，插入 SmartArt 图形，垂直 V 形列表，调整其大小和位置，输入文字内容。

（3）为第一张幻灯片中的"用工制度"、"考勤制度"、"奖励制度"分别设置超链接到第 2、3、4 张幻灯片中。在"设计→主题组→颜色按钮→新建主题颜色"中（图 10-14）将"超链接"和"已访问的超链接"的颜色都设为绿色。

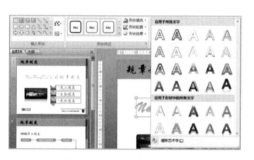

图 10-13 艺术字样式库

图 10-14 新建主题"颜色"对话框

（4）在第二张幻灯片中先绘制一个矩形，并复制同样的 10 个矩形，输入文字内容，调整大小和位置（图形对齐可使用"开始→绘图组→排列→对齐"列表中的选项，如图 10-15 所示），再使用形状中的线条连接，选择所有图形并组合，然后应用"绘图工具→形状样式库→第二行第四个样式（彩色填充-强调颜色 3）"样式填充组合好的图形。

图 10-15 对齐列表

（5）在第四张幻灯片中插入表格，输入相应内容，应用表格样式，设置表格内文字格式和对齐方式，调整表格大小和位置。

（6）保存并放映演示文稿。

拓展与提升

根据本模块所学内容，动手完成以下实践内容。

课后练习1　制作"我们的航海旅游行"演示文稿

本实训要求利用所学制作演示文稿的有关知识完成"我们的航海旅行"演示文稿。以展台浏览方式放映，放映结束后应用幻灯片打印和打印设置功能将幻灯片打印出来，并打包成CD数据包存储到本地计算机上。

> 素材位置：模块10\素材\我们的航海旅行！.pptx
>
> 效果图位置：模块10\源文件\

具体要求和参考思路如下：

（1）按照演示文稿中各幻灯片中的提示完成演示文稿的制作。

（2）在设置放映方式对话框中设置放映类型为"在展台浏览"，换片方式为"如果存在排练时间，则使用它"，并为演示文稿所有幻灯片排练计时，时间为2秒钟左右。

（3）在"设计"选项卡中打开"页面设置"对话框，设置"备注、讲义和大纲"的方向为横向，在打印对话框中设置打印内容为"讲义"，每页幻灯片数为"4"，选择左下角预览按钮观看打印效果，满意后单击"打印"按钮。

（4）单击"文件"选项卡"保存并发送"选项组中的"将演示文稿打包成CD"按钮，在"打包成CD"对话框中选择"复制到文件夹"选项，将演示文稿打包成CD数据包。

课后练习2　古典型相册演示文稿

> 素材位置：模块10\素材\古典型相册.pptx
>
> 效果图位置：模块10\源文件\

本实训要求利用本模块所学知识对古典型相册演示文稿进行如下操作：

（1）分别将演示文稿保存为幻灯片放映格式、WMV、PDF、XPS格式和JPG格式，分别打开所保存的文件并预览保存的效果。

（2）隐藏第二张幻灯片后，再使用观众自行浏览的方式放映演示文稿，并用人工设时方法设定所有幻灯片的播放时间为2秒。